Frau Helene

herzlichst überreicht

vom Autor

Ferdinand Sternmüller

April 1995

Urwälder–Vulkane–Kreolen

Ferdinand Starmühlner

Urwälder-Vulkane-Kreolen

Forschungen auf den Kleinen Antillen

EDITION VA BENE

Die Deutsche Bibliothek – CIP-Einheitsaufnahme

Starmühlner, Ferdinand:

Urwälder–Vulkane–Kreolen:
Forschungen auf den Kleinen Antillen/
Ferdinand Starmühlner. Mit Fotos des Autors.
Wien-Klosterneuburg: Edition VA BENE, 1994
(Forschung; 2)
ISBN 3-85167-020-5

Landkarte und Makrofotos der Wassertiere: Prof. Maria Mizzaro.
Titelbild (Grüner Leguan) und Atlantischer Ammenhai im Bildteil: Fotogruppe des Haus des Meeres-Vivarium Wien (Rudolf Krska, Adolf Schatten).

Umschlaggestaltung: Christian F. Winkler, Wien
Repro: Repro 14, Wien
Satz: Mag. Franz C. Stadler, Wien
Druck und Bindung: Landesverlag, Linz

Printed in Austria
ISBN 3-85167-020-5

INHALT

Dieses Buch widme ich meiner Frau Edith und meinen Mitarbeitern Dr. Walter Völlenkle, Kameramann Franz Fehringer und Ing. Yves Therezien.

EINLEITUNG

Seit 1958 untersucht ein Team des Instituts für Zoologie der Universität Wien unter der Leitung des Buchautors die Fauna und Flora der Resturwälder auf isolierten tropischen Inseln. Diese Lebensräume stellen – durch ihre jahrmillionenlange Isolation – Laboratorien der Evolution in der Natur dar. Man unterscheidet dabei kontinentale und ozeanische Inseln. Erstere standen vor Jahrmillionen mit großen Landmassen – Kontinenten – in Verbindung. Sie wurden durch geologische Vorgänge – wieder in Zeiträumen von Jahrmillionen – von den Kontinentalschollen getrennt und isoliert. In ihren Naturlandschaften entwickelte sich aus alten Stammformen eine eigene („endemische") Inselflora und -fauna. Paradebeispiele sind z. B. die großen Inseln Madagaskar, Sri Lanka, Neuguinea und Neuseeland. Die ozeanischen, meist flächenmäßig kleinen Inseln entstanden (und entstehen auch heute noch!) durch vulkanische Eruptionen am Meeresboden, wobei feurig-flüssiges Material aus dem Erdinneren über die Meeresoberfläche aufsteigt. Diese Inseln befinden sich häufig an den „Spalten" aneinanderliegender Schollen des aus Platten bestehenden äußeren Erdmantels. Beim Aufsteigen über die Meeresoberfläche erstarrt das flüssige Gesteinsmaterial (Lava) durch Abkühlung, eine neue Insel entsteht. Vulkanisch-ozeanische Inseln hatten daher keine Verbindung mit größeren Landmassen. Erst allmählich wurde das neuentstandene Inselland von außen durch Pflanzen, Tiere und gelegentlich auch von Menschen besiedelt. Durch Meeres- und Luftströmungen gelangten Pflanzen und Tiere an ihre Ufer. Sie stammen von oft weit entfernten Landgebieten, aber je näher eine neuentstandene ozeanische Insel bei größeren Landmassen liegt, umso rascher erfolgte ihre Besiedelung. Ein derartiges Beispiel zeigen die Inseln der Kleinen Antillen vor der Nordostküste Südamerikas: Flora und Fauna, aber auch die Ureinwohner wanderten von Süd- und Mittelamerika ein. Kulturpflanzen und Haustiere wurden vom Menschen eingeführt bzw. eingeschleppt.

Vulkaninseln werden – wenn nicht neue Eruptionen erfolgen – im Laufe der Erdgeschichte durch die Tätigkeit des abfließenden Regenwassers (über Bach- und Flußbette) allmählich wieder zum Meer abgetragen und eingeebnet. In tropischen Meeren siedeln sich um ihre Küsten im Flachwasser Korallentiere an und bauen, durch ihre Kalkabscheidungen (wieder in Zeiträumen von Jahrhunderttausenden), ein Saumriff auf. Solche Riffe können durch geologische Hebungen über den eingeebneten Vulkansockel gehoben werden. Die Tiere des Riffes sterben ab, aber die abgesonderten Kalke der Steinkorallen und Kalkalgen bilden eine flache Oberfläche, auf der sich eine – wenn auch karge – Vegetation entwickeln kann. Typische hohe (d. h. geologisch junge) ozeanische Vulkaninseln sind z. B. im Indischen Ozean die Komoren, La Réunion und Mauritius. Im Pazifik seien als Beispiele die „Südseeparadiese" Samoa, Tonga, Tahiti und Hawaii genannt. In der Karibik sind es einige Inseln der Kleinen Antillen.

Im Laufe der letzten 35 Jahre wurden von den Wiener Zoologen die Bergurwälder zahlreicher Inseln des Indopazifik von Madagaskar im Westen bis Tahiti im Osten untersucht. Durch unsere Forschungen auf Inseln, die unter französischer Verwaltung stehen (oder standen), hatten wir stets freundschaftliche Verbindung mit unseren französischen Kollegen, vor allem mit Ing. Yves Therezien vom Service des Eaux et Forêts. Nachdem er die Leitung des Laboratoire de Hydrobiologie im Institut Nationale Recherches Agricoles (INRA) in der Domaine Duclos bei Petit Bourg auf der Insel Basse Terre der Doppelinsel Guadeloupe übernommen hatte, lud er meine Frau und mich ein, mit ihm eine Untersuchung in den Resturwäldern dieser vulkanischen Antilleninsel durchzuführen. Im Anschluß an die Ergebnisse unserer bisherigen Forschungen auf den tropischen, indopazifischen Inseln war eine Vergleichsuntersuchung auf tropischen Inseln in der Karibik für uns interessant. Ing. Therezien sagte uns jede mögliche Unterstützung zu (Unterkunft, Labor, Expeditionsauto usw.) und ermöglichte es auch, unsere Forschungen auf die Urwaldgebiete der benachbarten Inseln Dominica und Martinique auszudehnen. Auf Dominica bekamen wir die Unterstützung der Division of Forestry unter dem Chief Forestier Officer C. C. Maximea und seinen Forstleuten. Auf Martinique half uns Mons. Neplaz vom Rektorat der Hochschule in Fort-de-France. Die finanzielle Unterstützung zur Durchführung der Expedition erfolgte durch den Fonds zur Förderung der Wissenschaft in Österreich und das Kulturamt der Stadt Wien.

Unserer Forschungsgruppe schlossen sich noch der Zoologe Dr. Walter Völlenkle, Fachreferent für Naturwissenschaft an der Bundesstaatlichen Hauptstelle für Wissenschaftliche Kinematographie sowie Kameramann Franz Fehringer an. Neben unseren wissenschaftlichen Forschungen, bei denen wir zahlreiche, bisher der Wissenschaft unbekannte Tierarten entdeckten, entstand der Farbfilm „Das Leben im tropischen Bergbach“ für den Verleih der Bundesstaatlichen Hauptstelle. Der Film wurde auch dreimal im Österreichischen Fernsehen gezeigt, und damit konnte das Leben auf den karibischen Antilleninseln einer breiteren Öffentlichkeit zugänglich gemacht werden.

Für die Hilfe bei den Literaturrecherchen danke ich Herrn Hofrat Univ.-Prof. Dr. Walter Fiedler, Herrn Univ.-Prof. Dr. Jörg Ott und Herrn Ing. Yves Therezien, für die Übertragung des Manuskriptes in die Computerfassung Herrn Mag. Franz C. Stadler.

ALS SICH COLUMBUS IRRTE – WESTINDIEN

Am 12. Oktober 1992 „feierte" die Westliche Welt mit zahlreichen Veranstaltungen den 500. Jahrestag der „Entdeckung Amerikas" durch Christof Columbus. Durch Papst Johannes Paul II. wurde ein Denkmal auf Santo Domingo, dem angeblichen ersten Landeplatz des Entdeckers, eingeweiht. Allerdings gab es auch Proteste, vor allem der Ureinwohner, der Indianer Amerikas. In den Jahrzehnten und Jahrhunderten nach der Entdeckung Amerikas und seiner vorgelagerten Inseln begannen die Eroberer aus Europa mit der Ausrottung der Indianer. Auf den Karibikinseln wurden sie in kümmerliche Reservate zurückgedrängt.

Die Entdeckungsreisen der spanischen Karavellen unter dem Kommando des Genuesers auf der Suche nach Indien und seinen Reichtümern war die Folge zahlreicher Spekulationen und Irrtümer. Schon der Grieche Pytheas schrieb in der zweiten Hälfte des 4. Jahrhunderts einen Reisebericht mit dem Titel „Über das Weltmeer". Sein Inhalt ist allerdings nur durch spätere Überlieferungen bekannt, die phantastisch ausgeschmückt wurden. Er hatte Britannien umfahren und gelangte über Irland nach Norden zu einer Insel, die er „Thule" nannte (wahrscheinlich Island). Man folgerte daraus, daß es noch weitere Inseln im Westen geben müsse und sah die Möglichkeit, von Insel zu Insel weitere Entdeckungen zu machen. Berühmtheit erlangte auch die überseeische Pilgerfahrt (565–573) des irischen Königssohnes und Heiligen St. Brendan, die in zahlreichen Handschriften überliefert wurde. Er soll Amerika ein Jahrtausend vor Columbus und 500 Jahre vor den Wikingern erreicht haben. Im zweiten Viertel des 13. Jahrhunderts scheint auf Weltkarten (Ebsdorfer Weltkarte, Herefordkarte und Portolankarte) eine Insel St. Brendan auf, die stets in der Nähe der Kanarischen Inseln eingezeichnet ist. In der Weltchronik von Schedel (1440–1514) wird eine Insel der Seligen westlich von Afrika erwähnt, mit der möglicherweise die Insel St. Brendan gemeint ist. Von 1424 bis 1500 findet sich auf über 200 Karten der Name „Antilia" für eine Insel im Westen des Ozeans. Sie wird dabei oft mit der Insel der Seligen in Verbindung gebracht. Diese Insel dachte man sich am „anderen Ende" des Meeres, daher der Name „Anti-Insel" (portugiesisch: „anta-ilha"), der später zum Namen „Antillen" wurde. Seit 1487 suchten portugiesische Seefahrer nach der sagenhaften Insel. In der Chronik der Kanarischen Inseln von Leonardo Torriani (1590) wird sogar erwähnt, daß die Insel Antilia (aber auch Dominica) mehrfach von Römern (!) entdeckt worden sei ...

Um das Jahr 1400 kannte man ungefähr 11 Prozent der Erdoberfläche (die Mittelmeerländer, die Küste Skandinaviens, Island, Südgrönland, Nordafrika, das Niltal, Arabien) und hatte – durch die Reisen des Marco Polo (1254–1324) und Niccolo de Contis (1419–1444) – Kenntnis von Indien, China und Südasien. Das große Ziel jenes Zeitalters war aber das „Wunderland" Indien, worunter man aber auch die Gebiete bis Cathay (China) und die Inseln Cipangu (Japan) verstand. Von „Indien" kamen – damals auf dem Landweg – begehrte Luxuswaren (vor allem Gewürze, Seide, Edelhölzer), die mit Gold und Silber bezahlt werden mußten. Die Preise kletterten mit steigender Nachfrage, denn der Transport über Land bereicherte die orientalischen Zwischenhändler; dazu kamen Zölle und Frachtgebühren. In Portugal kam es bereits in der zweiten Hälfte des 14. Jahrhunderts (nach der Vertreibung der Mauren) zur Bildung einer mächtigen Handelsbourgeoisie, dem Garant der portugiesischen Führungsrolle in der atlantischen Expansion. Die Anziehungskraft des Atlantiks führte Portugal – fast 200 Jahre vor Spanien – zur Entdeckung neuer Länder und Meere und bis dahin unbekannter Völker. Infant Heinrich (1394-1460), von der Nachwelt „der Seefahrer" genannt, regte die ersten geplanten Entdeckungsreisen der Geschichte an und finanzierte diese. Sie wurden durch die Fortschritte in der Navigationskunde und in der Technik des Schiffsbaues ermöglicht. Vor allem waren es die Karavellen – leichte, große und schnelle Segelschiffe –, mit denen die Vormachtstellung Portugals (und später auch Spaniens) im Atlantik errungen wurde. Kapitäne und Steuermänner, die vor allem an der Westküste Afrikas entlangsegelten, wurden geschult. 1419 wurde Madeira entdeckt, 1439 gelangte Dias zu den Kapverdischen Inseln, 1455/56 segelte Alvise de Cadamosto bis zur Küste Senegals. Unter König Johann II. erreichten die Portugiesen – mit Hilfe der neugewonnenen Seekarten und der Kenntnisse über Wind- und Meeresströmungen – 1482 mit Johann Diego Cão die Kongomündung und stießen 1484/85 bis zum heutigen Namibia vor. Im Februar 1488 erreichte Diego Diaz das Kap der Guten Hoffnung, die Südspitze Afrikas – der Seeweg zum Indischen Ozean war gefunden. Schließlich gelang es – unter König Miguel – Kapitän Vasco da Gama, auf Grund der Karten seiner Vorgänger, die Ostküste Afrikas zu finden und, mit Hilfe eines arabischen Lotsen, am 21. März 1498 an der Südwestküste Indiens bei Calicut zu landen. Das langersehnte Ziel war gefunden.

Am portugiesischen Hof diskutierte man aber auch die Möglichkeit, Asien (Cathay = China, Cipangu = Japan) auf einer westlichen Fahrt über den Atlantik zu erreichen. Die Portugiesen setzten sich mit dem damals hochberühmten florentinischen Arzt und Geographen Paolo Toscanelli, dem Zeichner der Weltkarte von 1474, in Verbindung, um den kürzesten Weg nach Cathay zu erfragen. Er war der Ansicht, daß der Seeweg nach Indien (inklusive China) auf dem westlichen Weg kürzer sei als die Route, welche die Portugiesen über die Westküste Afrikas damals noch suchten. Toscanelli hatte – wie alle damaligen Gelehrten – die Vorstellung, daß auf der westlichen Seite des Atlantik die Küsten Asiens zu finden wären. Er wurde auch, wie später noch erwähnt wird, von Columbus angeschrieben und regte bei ihm ebenfalls eine westliche Atlantiküberquerung an. Eine Verbindung zwischen den Entdeckungsfahrten der Portugiesen und Christof Columbus dürfte merkwürdigerweise der in Nürnberg geborene Mathematiker und Geograph Martin Behaim (1459–1507) hergestellt haben. Er gelangte 1482 nach Lissabon und wurde Mitglied der einflußreichen „Junta dos Mathematicos“. Behaim besuchte unter anderem auch die Azoreninseln und hat wahrscheinlich auch an einer Expedition zur Südwestküste Afrikas teilgenommen. 1492, nach seiner Heimkehr von Portugal, baute er nach den Erkenntnissen der portugiesischen Seefahrer und der Karte von Toscanelli seinen ersten „Erdapfel“, den ersten Erdglobus (Himmelsgloben gab es bereits seit dem Altertum). Dieser Globus spiegelte die Kenntnisse der Geographen und Kartographen des 15. Jahrhunderts wider, welche die Küsten Asiens (als Cathay und Cipangu bezeichnet) weit im Westen vermuteten. Der Atlantik war, nach den damaligen Berechnungen, um etwa 100 Längengrade schmäler als in Wirklichkeit! Behaim, der bei seinem Aufenthalt auf den Azoren die Tochter eines dort ansässigen Edelmannes geheiratet hatte, faßte auch den Plan einer Westfahrt auf dem Atlantik, der von den Portugiesen aber nicht unterstützt wurde. Ob Martin Behaim und Christof Columbus in Lissabon zusammengetroffen sind (1484?) ist zwar sehr wahrscheinlich, aber nicht direkt belegbar. Nach der Auffassung des Historikers Herrera y Tordesillas (1559–1625) habe sich Columbus bei seiner Begründung für den kürzeren Seeweg nach Cipangu und Cathay über den Atlantik auf die Anregungen seines Freundes „Martin de Behemio" gestützt. Auf dem „Erdapfel" des Martin Behaim liegt mitten im Atlantik (zwischen der Westküste Europas und Cipangu) auch eine Insel namens „Antilia". Es ist merkwürdig, daß diese „geheimnisvolle" Insel fast auf dem gleichen Breitengrad wie einige der später als „Antillen" bezeichneten Inseln liegt!

Christof Columbus (auch Cristoforo Colombo, Christobal Colòn) wurde, den meisten Geschichtsbüchern zufolge, zwischen dem 25. August und dem 31. Oktober 1451 in Genua als Sohn eines Wollwebers geboren. (Dieser soll, nach einer allerdings sehr unwahrscheinlichen These, einer konvertierten jüdischen Familie entstammen.) Zusätzlich bezeichnen ihn fast 20 italienische Städte und 8 verschiedene Völker als ihren „Sohn"! Bereits mit 19 Jahren befand er sich auf einem genuesischen Schiff und erwarb sich seine ersten nautischen Kenntnisse auf einer Fahrt zur ägäischen Insel Chios. 1476 wollte er nach England segeln, entkam aber nur mit Mühe Seeräubern vor der portugiesischen Küste und gelangte schließlich in die genuesische Kolonie von Lissabon. Columbus heiratete Felipa, die Tochter eines italienischen Seemannes in portugiesischen Diensten, der auch Statthalter auf der kleinen Insel Porto Santo bei Madeira war. Bei der Vermählung seiner Tochter lebte er aber nicht mehr. Seine Witwe überließ Columbus die kartographischen Aufzeichnungen ihres Gemahls. Nach eingehendem Studium dieser Unterlagen gewann er die Überzeugung, daß der kürzeste Weg nach Indien nur über den Atlantik führen konnte, eine Ansicht, in der er durch seinen Bruder Bartolomeo bestärkt wurde. Columbus beteiligte sich auch an einigen Guinea-Fahrten der Portugiesen und gelangte schließlich nach Funchal, der Hauptstadt von Madeira. Durch seine Kontakte mit erfahrenen Seeleuten erfuhr er unter anderem, daß immer wieder Treibgut unbekannter Hölzer bei den Azoren aus Westen angeschwemmt wurde. So festigte sich immer mehr sein Entschluß, den Atlantik westwärts zu überqueren, um in Cathay die Länder des Groß-Khans zu erreichen, die bereits Marco Polo so bilderreich geschildert hatte. Umstritten ist eine Korrespondenz mit dem schon erwähnten italienischen Geographen Toscanelli. Nach einem Bericht von Las Casas soll er sich 1481 an den Gelehrten gewandt haben, der in einem Antwortschreiben folgende Worte geschrieben haben soll: „Ich nahm zur Kenntnis von Deinem wundervollen und großartigen Begehr, eine Fahrt dorthin, wo die Gewürze wachsen, zu unternehmen." Toscanelli meinte, daß „Dein Weg nach Westen, um Ostasien zu erreichen, nicht nur möglich, sondern wahr und sicher sei ... eine solche Reise führt zu den mächtigen Königreichen, berühmten Städten und Provinzen, die alles im Überfluß besitzen, was wir benötigen, und alle Arten von Gewürzen in reicher Menge wie auch Edelsteine in großer Fülle aufweisen ..."

Columbus übernahm – wie Martin Behaim – ebenfalls die irrigen Berechnungen Toscanellis und verkleinerte den Erdumfang auf Dreiviertel der tatsächlichen Größe. Er war überzeugt, daß die Entfernung von der Westküste Portugals bis zu den Inseln von Cipangu (Japan) über die geheimnisvolle Insel Antilia nur 2400 Seemeilen (zirka 4400 km) betrage, während es in Wirklichkeit jedoch über 10000 Seemeilen (zirka 19800 km) sind!

Nachdem Columbus von Porto Santo – wo seine Frau Grundstücke besaß und den Sohn Diego (1478–1526) gebar) – nach Lissabon zurückgekehrt war, legte er seinen Plan, den unbekannten Atlantik westwärts zu überqueren, der „Junta dos Mathematicos" vor. Ihr Gutachten fiel aber zu seiner großen Enttäuschung ablehnend aus. Trotzdem durfte er sein Anliegen König Johann II. persönlich vortragen. Leider verknüpfte Columbus damit zahlreiche Forderungen, wie den Titel eines Erblichen Vizekönigs in den aufzufindenden Ländern, den Titel eines Großadmirals in den entdeckten Meeren und, als Folge, den Bezug hoher Einkünfte. Dies schien dem König denn doch zuviel für ein Vorhaben, dessen Ausgang mehr als ungewiß war.

Nach dem Scheitern seiner Pläne in Lissabon und dem Tod seiner Frau verließ Columbus mit seinem Sohn Portugal und wandte sich nach Spanien (1484/85). 1488 bekam er in Sevilla einen Brief von König Johann II. mit der Aufforderung zur Rückkehr. Diese verzögerte sich aber durch die Geburt seines Sohnes Fernando am 28. September 1488, der aus einem Verhältnis mit Donna Beatrice Henriques hervorging. Als er im Dezember 1488 in Lissabon eintraf, hatte der König aber bereits die Erfolgsmeldung von Kapitän Bartholomeo Diaz über die Umsegelung der Südspitze Afrikas in den Indischen Ozean. Nun stand für die Portugiesen fest, daß nur dieser Seeweg zu den ersehnten Reichtümern Indiens führen kann. Die Pläne von Columbus wurden erneut verworfen! So kehrte er wieder nach Spanien zurück, das sich endlich, nach dem Fall von Granada, von den Mauren befreit hatte und für neue Ziele zugänglich war: Am 17. April 1492 unterzeichnete Columbus in Santa Fé den Vertrag mit dem Spanischen Königshaus betreffend eine Entdeckungsfahrt nach Indien westwärts über den Atlantik. Ein Problem war allerdings die Finanzierung des Vorhabens, da die Staatskassen, als Folge der kostspieligen Maurenkriege, ziemlich leer waren. Da sprang der konvertierte, jüdische Finanzkaufmann Luis de Santangel in die Bresche. Seine Familie war dem Königshaus schon früher oftmals in finanzieller Bedrängnis beigestanden, daher entging Santangel bei den Verfolgungen und Ausweisungen der spanischen Juden nach den Maurenkriegen durch indirekte Intervention des Königs der Inquisition (und damit dem Scheiterhaufen oder der Ausweisung). Das Königshaus gab Luis de Santangel einen Schutzbrief, der ihn und seine Familie vor jeder weiteren Verfolgung bewahrte.

Die Expedition des Columbus erhielt von Luis de Santangel ein zinsloses Darlehen von 17 000 Dukaten. Interessant ist in diesem Zusammenhang die von mehreren Autoren geäußerte Hypothese, daß Columbus, dem der konvertierte Jude Santangel ermöglichte eine Expedition durchzuführen, vielleicht Länder entdecken könnte, von denen alte Sagen berichten, daß dort versprengte Juden leben und regieren! Diese Annahme wird dadurch erhärtet, daß Columbus bei seiner ersten Reise einen getauften Juden namens Luis de Torres als Dolmetscher für die hebräische Sprache mitnahm. Möglicherweise waren auch die zwei Ärzte der Expedition und einige Besatzungsmitglieder konvertierte Juden.

Am 22. Mai 1492 erreichte Christof Columbus den kleinen Hafen Palos, den Ausgangspunkt seiner Entdeckungsreise. Am 3. August 1492 startete seine kleine Flotte, bestehend aus dem Flaggschiff „Santa Maria“ unter dem Kapitän Juan de la Cosa sowie den Karavellen „La Niña“ („Kleines Mädchen“) unter Kapitän Vincente Yañez Pinzón und der „La Pinta“ unter der Führung von dessen Bruder Martin Alonso Pinzón. Die in späteren Berichten auf Holzschnitten abgebildeten Schiffe seiner Flotte waren Phantasieprodukte. Erst 1979 fand ein amerikanischer Historiker in Sevilla das „Libro de Armados“ und darin eine Beschreibung der Niña: 20 Meter lang, 6 Meter breit, 4 Masten, Tragfähigkeit 58–60 Tonnen und etwas mehr als 2 Meter Tiefgang.

Die Besatzung der Schiffe wird auf ungefähr 90 Mann geschätzt. Columbus steuerte zuerst die Kanarischen Inseln an, da er von hier aus westwärts das langersehnte Indien vermutete. Seine Westfahrt wurde später als „Ruta Colón“ bezeichnet und noch heute befahren zahlreiche Kreuzfahrtschiffe bis hin zu kleinen Seglern von einigen Metern Länge diese historische Route! Auf der Kanareninsel Gomera, die in spanischem Besitz war, ließ Columbus Proviant und Wasser auf seine Schiffe bringen. Erst nach vier weiteren Wochen, am 6. September 1492, segelte er von Gomera westwärts. Columbus hatte große Erfahrung als Seemann und beherrschte auch die Gradmessung nach der Sonnenhöhe und dem Polarstern. Auch seine Kenntnisse über die Windrichtungen und Meeresströmungen scheinen außergewöhnlich gewesen zu sein. Bei seiner ersten Reise vermerkte er seine Beobachtungen, wie bekannt ist, in zwei verschiedenen Logbüchern. Im geheimen Bordbuch hielt er die von ihm selbst geschätzten Tagesentfernungen fest, im offiziellen Logbuch wird die täglich gesegelte

Route als wesentlich kürzer ausgewiesen. Es war dies ein psychologischer Trick für die Mannschaft, „um sie bei längerer Dauer der Seereise nicht zu ängstigen und mutlos werden zu lassen". Allerdings stellte sich später heraus, daß er die Geschwindigkeit seiner Segelschiffe fast immer überschätzte und das „gefälschte" Logbuch die Entfernungen exakter wiedergab! Leider gingen die Originale seiner Aufzeichnungen verloren und ihr Inhalt ist nur in Kopien, also aus zweiter Hand, erhalten. Diese Angaben wurden schließlich von den Historikern Fernán Colón und Las Casas verwendet, aus deren Berichten alle späteren Autoren zitieren. Allerdings sollen diese Abschriften verschiedene Irrtümer und Veränderungen enthalten. Columbus dürfte mit Sicherheit für seine Orientierung die Karte von Toscanelli verwendet haben, auf welcher der Festlandsvorsprung des angenommenen Cathay auf demselben Breitengrad wie die Kanarischen Inseln eingezeichnet ist. Seine Flotte schwenkte erst am 7. Oktober 1492 allmählich vom Westkurs nach Südwesten ab, da er Anzeichen eines nahen Landes vermutete. Wäre er genau westwärts weitergesegelt, so hätte er wahrscheinlich die Küste des heutigen Florida erreicht! Immer wieder glaubten Columbus und Kapitän Alonso Pinzón in der Nähe der sagenhaften Insel Antilia zu sein. Am 6. Oktober 1492 segelte die kleine Flotte nördlich des heutigen Puerto Rico, und von den Kapitänen wurde empfohlen, noch weiter nach Südwesten zu steuern, da dort Cipangu liegen müsse. Columbus stimmte nach anfänglichem Zögern zu. Dramatische Tage folgten: Am 10. Oktober 1492, dem 30. Reisetag, gab es eine Revolte der Mannschaft mit dem Wunsch umzukehren. Da sah man Schwärme ziehender Vögel (angeblich Papageien), und bei hohem Seegang tauchten Sturmvögel auf. Im aufgewühlten Wasser trieben grünes Schilfrohr, ein Brettchen, dornige Äste, rote Früchte, ja sogar ein Holzstab mit Schnitzspuren vorbei. Der Aufstand glättete sich, denn Land mußte in der Nähe sein. Und so war es auch. Am 12. Oktober 1492 um 2 Uhr morgens entdeckte der Matrose Rodrigo da Triana von der Karavelle Pinta aus im Mondschein einen hellen Küstenstreifen! Am 33. Tag und nach der Zurücklegung von ca. 3 000 Seemeilen segelte die Flotte durch die Öffnung einer Küstenriffkette in eine Bucht, um dort zu ankern. Nackte Eingeborene kamen ihnen entgegen und bezeichneten die Insel in ihrer Sprache als „Guanahani". In seinem Bordbuch schrieb Columbus: „Unseren Blicken bot sich eine Landschaft dar, die mit grün leuchtenden Bäumen bepflanzt und reich an Gewässern und allerhand Früchten war. Ich rief beide Kapitäne und auch all die anderen, die an Land gegangen waren, ferner Rodrigo d'Escobedo (Notar der Flotte) und Rodrigo Sánchez von Segovia zu mir und sagte ihnen, durch ihre persönliche Gegenwart als Augenzeugen davon Kenntnis zu nehmen, daß ich im Namen des Königs und der Königin, meinen Herren, von der genannten Insel Besitz ergreife."

Den Eingeborenen schenkte er Kappen, Glasperlen und Glöckchen. Columbus vermerkte dazu: „... worüber sie sich ungemein erfreut zeigten ... sie erreichten schwimmend unsere Schiffe und brachten uns Papageien, Knäuel von Baumwollfäden, lange Wurfspieße und viele andere Dinge noch ... sie gehen nackend umher ... all jene, die ich erblickte, waren jung an Jahren ... sie sind alle gut gewachsen ... haben dichtes, struppiges Haar, das über der Stirne kurz geschnitten ist ... einige bemalen sich mit grauer, andere mit roter oder weißer Farbe ... manche von ihnen hatten Wundmale ... unter Zuhilfenahme der Gebärdensprache gaben sie zu verstehen, daß ihre

Inseln von den Bewohnern der umliegenden Inseln heimgesucht werden, die sie einfangen wollten ..."

Columbus gab der Insel den Namen San Salvador. Aber bis heute ist es trotz seiner Eintragungen im Logbuch nicht sicher, welche Insel und welcher Landungsort es waren, an dem Columbus an Land ging. War es Cat Island (nach Angaben des Biologen Mark Catesby), war es Watling Island (nach dem spanischen Historiker Juan Bautista Muñoz, 1793) oder war es Turks Island (nach Martin Fernándeo Navarette, 1825)? Bisher sind neun (!) verschiedene Inseln im Nordosten von Kuba in der Literatur genannt worden. 1942 bestimmte der amerikanische Historiker Samuel Eliot Morrison nach eingehenden Studien die Insel Watling als ersten Landungsplatz, sie wurde offiziell San Salvador genannt. In den achtziger Jahren meinten Joseph Judge (National Geographic Society) und Wissenschaftler des Woods Hole Oceanographic Institute nach neuesten Forschungen und Computersimulationen, daß die Landung von Columbus am 12. Oktober 1492 etwa 24 Kilometer südöstlich der Insel San Salvador erfolgt sein mußte.

Columbus nahm an, daß das gefundene Land ein Teil „Indiens" sein mußte, und der offizielle spanische Name lautete „Reina de las Indias, Islas y Tierra Firme del Mar Océano". Am 14. Oktober 1492 gelangte die kleine Armada auf die Insel Ram Cay, die Columbus „Santa Maria de la Concepción" benannte. Man segelte weiter bei Long Island (Insel Fernandia), Crooked Island (Saómete), um schließlich am 28. Oktober 1492 an die Küste von Kuba zu gelangen. Da die angetroffenen Insulaner von Goldminen und Perlen im Landesinneren berichteten, glaubte Columbus, daß hier die Schiffe des Großen Khan vom Festland (Cathay) herkommen konnten. Daß er so viele Inseln fand, war für ihn der Beweis für die Berichte von Marco Polo, der die Zahl der Inseln vor der ostasiatischen Küste mit 7 440 (!) angegeben hatte.

Schließlich erreichten die Schiffe noch die Küste des heutigen Haiti, das er „La Isla Española“ benannte. Er hielt die gefundenen Inseln sowohl für das biblische Ophir als auch für Cipangu und die sagenhafte Insel Antilia. So ist Columbus wahrscheinlich der Urheber des späteren Namens „Antillen“ für die Inselgruppe zwischen Kuba und Trinidad in der Karibik gewesen! Ein weiterer Irrtum Columbus' betraf den Namen der angetroffenen Inselbewohner auf Kuba. Sie nannten sich „Kariba“ („Die Starken“). Dieser Name blieb in den Bezeichnungen „Karibik“ und „Karibischer Ozean“ erhalten. Columbus verstand allerdings „Kaniba“ und vermutete, daß sie Untertanen des Großen Khan von Cathay (China) seien („Alle kennen hier den Großen Khan“, schrieb er erfreut!). Da die Insulaner als Menschenfresser gefürchtet waren, kam es durch den Hörfehler Columbus' zum Begriff der „Kannibalen“. Auf späteren Karten wurden die Inseln als „Insulae Canibalorum sive Antiglia“ bezeichnet!

Auf der Rückreise ereigneten sich einige Katastrophen: die „Santa Maria“, das Flaggschiff, strandete bei einer sandigen Untiefe, und am 12. Februar 1493 gelangten die übrigen Karavellen in einen Sturm, den sie nur mit Mühe überstanden. Schließlich erreichte die kleine Flotte die Azoreninsel Santa Maria. Columbus berichtete in einem Brief an Luis de Santangel und Gabriel Sanchez von der Entdeckung „Indischer Inseln jenseits des Ganges“! Am 4. März 1493 kamen die Schiffe wieder in einen Sturm, der sie in den Hafen von Lissabon trieb. Erst einige Wochen später erreichte er Sevilla und reiste anschließend nach Barcelona zum triumphalen Empfang als

„Großadmiral der Weltmeere“ durch das Spanische Königshaus. Allerdings scheint Columbus, trotz der Mahnung der ihm wohlgesinnten Königin, die versprochene Karte der Entdeckungen seiner ersten Reise nicht abgeliefert zu haben ...

Bei seiner zweiten Expedition (1493–1496) befehligte Columbus eine Flotte von siebzehn Schiffen und bekam eine neue Santa Maria als Flaggschiff. Neben einer Besatzung von fast 1500 Mann befanden sich noch 200 adelige Mitreisende an Bord der Schiffe, darunter sein Bruder Diego (ca. 1481–1526), der Kartograph Juan de Chanca (ca. 1460–1510) und, als „Berichterstatter“, Diego Alvarez Chanca. Bei dieser zweiten Reise führte die Route in südwestlicher Richtung über den Atlantik. Am Sonntag, dem 3. November 1493, entdeckte Columbus die Insel Dominica („Sonntag“) und erreichte am 14. November 1493 die Küsten der Doppelinsel Guadeloupe. Er benannte sie nach der in Spanien hochverehrten „Santa Maria de Guadeloupe“ in Estremadura, zu der er, aus Dankbarkeit für seine Errettung aus dem Meeressturm bei der ersten Reise, eine Wallfahrt unternommen hatte. Das spanische Wort „Guad-el-Upe“ ist eine Übertragung für das arabische „Oued-el-Houb“, das soviel wie „Fluß der Liebe“ bedeutet. Die Kariben-Indianer, die damaligen Bewohner der Doppelinsel, nannten sie „Calaoucaera“ oder „Karukero“, was soviel wie „Insel der schönen Gewässer“ heißt. Die Expedition betrat auch die umliegenden kleinen Inseln wie St. Barthélemy (benannt nach dem Hl. Bartholomeus; so lautete auch der Vorname eines seiner Brüder), St. Martin (entdeckt am 11. November 1493, dem St. Martinstag), La Désirade („Die Erwünschte“) und die Îles des Saintes („Allerheiligen-Inseln“, entdeckt am 1. November 1493, dem Allerheiligentag). Die Insel Martinique wurde bei der zweiten Reise südlich von

Dominica am Horizont gesichtet, aber erst 1502, bei der vierten Reise, betreten. Bei der zweiten Reise gelangte die Flotte schließlich im April 1494 zu den Großen Antillen. Wieder glaubte Columbus, daß die Insel Española (heute Haiti) ein Teil des Inselreiches Cipangu (Japan) sei, und Kuba hielt er für eine vorgelagerte Insel oder Halbinsel von Cathay (China). Am 11. Juni 1496 landete seine Flotte nach einer neunzigtägigen Rückreise in Cádiz. Man hatte also bei der zweiten Entdeckungsreise wieder einige neue Inseln entdeckt, aber noch immer nicht das gesuchte „Goldland", und die mitgebrachten „kostbaren Gewürze" erwiesen sich als wertlose Samenkörner. Außerdem mahnten der König und seine Ratgeber, daß man gerne wüßte, wieviele Inseln nun bereits entdeckt worden seien!

Auf seiner dritten Reise segelte Columbus noch weiter südlich über den Atlantik, gelangte am 31. Juli 1498 bis zur Insel Margarita und fuhr am 4. August 1498 in den Golf von Paria ein, dem weiten Mündungsdelta des Orinoko. Möglicherweise setzte Columbus bei der Enseñada Yacua zum ersten Male seinen Fuß auf südamerikanisches Festland. Wieder glaubte er, in Asien, am Ostende von Indien, zu sein! Um die Jahrhundertwende – 1500 – gelangte Columbus abermals nach Haiti, wo sein Bruder Bartolomeo (als sein Stellvertreter) den Posten eines Königlichen Statthalters bekleidete. Es kam zu einer offenen Revolte gegen die Columbus-Brüder, deren harte Gegenmaßnahmen beim spanischen König Mißfallen erregten. Der Spanische Hof entsandte eine Kommission zur Untersuchung der Vorfälle. Columbus wurde vom Untersuchungsrichter in Ketten gelegt und nach Spanien gebracht. Nach seiner erfolgreichen Verteidigung rehabilitierte ihn der König und setzte ihn wieder in alle seine Würden und Rechte ein. Von der dritten Reise verfertigte Columbus eine Karte seiner Entdeckungen, die allerdings nur in Kopien erhalten blieb und von späteren Seefahrern (und Seeräubern) verwendet wurde.

Am 11. Mai 1502 begann von Cádiz aus die vierte Columbus-Reise, um neue „Inseln und Kontinente“ in jenen Teilen „Indiens“ zu finden, die der Spanischen Krone zufallen sollten. Im Bereich der Kleinen Antillen erreichte er unter anderem die Küste der Insel Martinique (die er bei der zweiten Reise am Horizont gesehen hatte). Er landete an der Nordwestküste, beim heutigen Carbet, und seine ersten begeisterten Worte sollen gelautet haben: „Das ist der wunderbarste, der fruchtbarste, der lieblichste, der bezauberndste Landstrich der Welt!“ Die Inselbewohner, wieder Kariben-Indianer, nannten ihre Insel „Madinina“ (übersetzt etwa: „Insel der Blumen“). Die späteren französischen Eroberer verballhornten das Karibenwort zu Martinique.

Die Expedition segelte weiter nach Westen über das heutige Karibische Meer und erreichte schließlich die Ostküste von Mittelamerika beim heutigen Costa Rica und Panama. Dabei suchte Columbus immer wieder bei den Eingeborenen die Lage von angeblichen Goldminen zu erfragen.

Am 7. November 1504 erreichte die vierte Expedition des Columbus das Mutterland Spanien und brachte unter anderem auch zahlreiche Kartenzeichnungen mit. Daher war diese Reise vom Standpunkt der geographischen Wissenschaft die bedeutsamste Erkundungsfahrt; der Bereich der heutigen Karibik und ihrer Inseln war in seinen Küstenbereichen fast vollständig erforscht.

Columbus, von Gicht schwer geplagt, hatte nur mehr anderthalb Jahre zu leben. In dieser Zeit kämpfte er erfolglos (seine Gönnerin, Königin Isabel, war am 26. November 1504 verstorben) um die Anerkennung seiner ihm versprochenen Rechte. Am 20. Mai 1505 starb der große Entdecker verbittert und enttäuscht im Beisein seiner Söhne Diego und Fernando, seines Bruders Diego und einiger weniger Getreuer. Seine Gebeine machten noch einmal eine Reise über den Atlantik, zuerst nach San Domingo, dann nach Havanna und erst 1898 wurden sie in Sevilla endgültig zur Ruhe gebettet ...

Columbus ist dem größten Irrtum aller Zeiten erlegen. Er hat bis zu seinem Tode nicht begriffen, daß die von ihm entdeckten Inseln und Küsten nur vorgelagerte Teile eines gewaltigen neuen Kontinents sind. Er glaubte sich in Asien, in Indien (bis Cathay und Cipangu), in – Westindien, wie diese Region auch heute noch genannt wird. Deren Bewohner waren daher „Indier" oder „Indianer" (englisch: „Red Indians"), ebenfalls ein Name, der bis heute für diese Menschen verwendet wird.

LA SOUFRIÈRE, DIE „SCHWEFELGRUBE“ AUF GUADELOUPE

Die Karibischen Inseln, Antillen oder Westindien, werden heute in Reiseprospekten mit bunten Fotos als tropische Ferienparadiese, mit weißen Korallensand-Stränden unter Kokospalmen, blauem Himmel und fröhlichen Menschen bei Calypsomusik, angepriesen. Der Archipel der Antilleninseln erstreckt sich in einem Bogen von 3 340 Kilometer Länge von den Großen Antillen (mit Kuba, Jamaika, Haiti, der Dominikanischen Republik und Puerto Rico) bis zu den Kleinen Antillen und Trinidad vor der Küste von Venezuela, der noch die Niederländischen Antillen vorgelagert sind. Ihre gesamte Fläche beträgt 238 000 Quadratkilometer (entspricht der Fläche von Rumänien). Die Inseln umschließen zwischen Nord-, Mittel- und Südamerika das Karibische Meer vom 12. bis zum 27. nördlichen Breitengrad und vom 59. bis zum 85. westlichen Längengrad. In der geographischen Unterteilung der Kleinen Antillen wird der nördliche Teil als „Inseln über dem Winde“ (Leeward Islands) und der südliche Teil als „Inseln unter dem Winde“ (Windward Islands; nach der alten Segelschiffbezeichnung „downwind to a sailing vessel“) bezeichnet. Geologisch sind diese Inseln die überseeisch gelegenen „Gipfel“ einer unterseeischen vulkanischen Gebirgskette des Inselbogens zwischen Grenada und Sombrero. Man unterscheidet dabei einen äußeren Bogen, die nichtvulkanischen oder Kalkstein-Karibikinseln, von einem inneren Bogen der Vulkaninseln, bezeichnet nach den vulkanischen

Eruptivgesteinen, die sie aufbauen. Die äußeren Kalkinseln sitzen aber älteren Vulkansockeln auf, deren Eruptionen im frühen Tertiär, zwischen dem Eozän (vor 40 Millionen Jahren) und dem Oligozän (vor 30 Millionen Jahren), stattgefunden haben. Nach der allmählichen Abtragung (Erosion) der Vulkanberge und ihrer Einebnung folgte eine flache Überlagerung, hauptsächlich aus gehobenen Korallenkalken, wie es zum Beispiel auf der Insel Grande Terre der Doppelinsel Guadeloupe anzutreffen ist. Die Bildung, die Eruption der inneren Vulkaninsel-Kette, begann am Ende des Miozäns (vor 10 Millionen Jahren) und dem Beginn des Pliozäns (vor 5 Millionen Jahren) und erstreckt sich bis zur Jetztzeit, wie die Vulkane La Soufrière auf der Insel Basse Terre der Doppelinsel Guadeloupe oder der Vulkan La Pélée auf der Insel Martinique zeigen. Die Gesteine der Kleinen Antillen sind durch einen extrem hohen Gehalt an Kalzium und Natrium charakterisiert, dagegen ist der Anteil an Kalium außerordentlich gering.

Wie die umfangreichen ozeanographischen Forschungen der letzten Jahrzehnte zeigten, ist die äußere Erdkruste (und damit auch der Meeresboden) keine starre Schale, sondern ein dynamisches, veränderliches Gebilde. Es besteht aus mehreren Schollen oder Platten, die sich gegeneinander verschieben und dort, wo sie zusammenstoßen, Gebirge auffalten, Erd- und Seebeben und Vulkanausbrüche hervorrufen. Die Kleinen Antillen liegen in einem Bereich starker vulkanischer Aktivität, ein Umstand, der auf ihre Lage an einer Spalte am Rande zweier aneinanderstoßender Schollen, der Karibischen und der Atlantischen Platte, zurückzuführen ist. An dieser Spalte kann feurig-flüssiges Gesteinsmaterial aus dem Erdinneren hervorgedrückt werden und über dem Meeresspiegel als Vulkaninsel auftauchen. Die tektonischen Küstenbewegungen und Meeresspiegelschwankungen im Laufe der Erdgeschichte sind in der Form und im Verlauf der Inselküsten erkennbar: gehobene Strandterrassen, tief eingeschnittene Meeresbuchten, Kliffküsten und flache Ausgleichsküsten mit Sandstränden und Nehrungen. Da die Wassertemperatur des umgebenden Meeres nicht unter 25 Grad Celsius sinkt, haben sich im Laufe der Jahrtausende Korallenriffe und Mangrovenwälder gebildet.

Nach dem Erstarren der Lava erfolgte allmählich die Erstbesiedlung (Initialbesiedlung) des neuentstandenen Festlandes. Durch die relative Nähe des Mittel- und Südamerikanischen Kontinents gelangten durch Meeresströmungen und Windverdriftungen (in der Karibik treten häufig wandernde Wirbelstürme, sogenannte Hurrikans, auf!) Samen, treibende Pflanzen, Früchte, aber auch flugfähige Insekten, Vögel, auf größerem Treibholz (schwimmende „Kleinstinseln") sogar Reptilien und Lurche von einer Insel zur anderen. „Island-hopping" („Inselhüpfen") nennt man diese Form der Einwanderung von Lebewesen in neue Landlebensräume. Die Entwicklung einer Pflanzendecke, einer „Primärproduktion", auf den verwitterten, mineralstoffreichen Lavaböden wird durch das tropisch-feuchte Klima (Jahresmittel 25–27 Grad Celsius) mit starken Regenfällen begünstigt (80–90 Prozent Luftfeuchtigkeit). Das von den Vulkanbergen abströmende Wasser hat allmählich tief eingeschnittene Flußtäler und Schluchten, die an den regenreichen Luvseiten der Abhänge mit tropischem Regenwald bedeckt sind, geschaffen. Dagegen gelangen auf die Leeseiten nur selten Regenwolken. Trokkenvegetation mit Savannen und Dornkakteenbüschen dominiert, wie zum Beispiel an der Westküste von Basse Terre (Guadeloupe). In einem späteren Kapitel wird dargelegt, daß Flora und Fauna der ursprünglichen – leider durch die Tätigkeit des Menschen bereits stark zurückgedrängten – Insellandschaften deutlich mittel- beziehungsweise südamerikanischen Ursprung und Verwandtschaft zeigen. Dabei haben sich auch seit der Initialbesiedlung im Laufe der Erdgeschichte durch die Isolation der Antilleninseln eigene Inselarten, sogenannte „endemische Arten", entwickelt. Die Österreichische Expedition hat bei ihren Untersuchungen einige neue, bisher der Wissenschaft unbekannte Tierarten in den Urwaldgewässern entdeckt.

Die Besiedlung der Antilleninseln durch Menschen ist in der vorkolumbianischen Zeit ebenfalls durch Island-hopping vom nördlichen Südamerika aus erfolgt. Erst vor wenigen Jahren haben amerikanische Archäologen festgestellt, daß das Fischervolk der Ciboneys, Indianer der venezolanischen Küste, bereits um 3500 v. Chr. begonnen hat, die Kleinen Antillen von Insel zu Insel zu besiedeln. Diese Urbevölkerung vermischte sich mit den Aruaks oder Arawak-Indianern, die sich schubweise zwischen dem 1. und 11. Jahrhundert n. Chr. auf den heutigen Westindischen Inseln niedergelassen haben. Es ist unbekannt, warum die Arawaks ihre Urwälder zwischen Orinoko und Amazonas verlassen haben, wo heute noch einige ihrer Nachkommen leben. Auf den Inseln, die sie mit seetüchtigen Booten erreichten, haben sie friedlich gelebt und waren seßhaft, manchmal sogar in größeren Ansiedlungen mit einigen hundert Häusern. Sie haben neben Jagd und Fischerei bereits Landwirtschaft betrieben, und die Maniokwurzel auf die Insel gebracht (es ist ihnen die Entgiftung der bitteren Maniokknollen gelungen!). Sie haben auch Baumwolle und Tabak aus ihren Ursprungsländern eingeführt.

Columbus war nicht nur den kriegerischen Kariben, über die später noch berichtet wird, begegnet, sondern auch den friedlichen Arawaks. Er beschrieb sie 1493 in seinen Briefen als „fromm und fügsam und sehr für die Sklaverei geeignet". Allerdings besaßen sie nicht die körperlichen Voraussetzungen, um für die nachkommenden weißen Einwanderer harte, körperliche Sklavenarbeit zu leisten. Außerdem trugen eingeschleppte Krankheiten zu ihrer raschen Dezimierung bei. Nach der Ankunft der Europäer dauerte es kaum 100 Jahre, bis auf den Karibischen Inseln mindestens 10 Millionen Indianer (Arawaks und Kariben) ausgerottet worden waren!

Heute gibt es kaum mehr reinrassige Arawaks, ihre Kultur und Tradition sind verschwunden, und nur in den Dialekten der einzelnen Inseln findet sich eine Mischung aus Arawak- und Karibenworten mit dem Kreolenfranzösisch (Patois), wozu noch – von den später eingeführten Negersklaven – Begriffe aus dem afrikanischen Suaheli und Bantu kommen. Einige Arawak-Worte sind als Lehnwörter in europäischen Sprachen zu finden, zum Beispiel: Mais (mahiz), Kanu (canoa, ein Arawak-Lehnwort aus der Sprache der Kariben), Tabak (tabaco) und Hängematte (verballhornt aus hamaca, über das niederländische hangmak, hangmat). Die Arawaks haben auch eine zweifärbige Keramik hergestellt, wie Funde auf Guadeloupe bezeugen (3. oder 4. Jahrhundert n. Chr.). Ihre Gesellschaft war in eine Adelsschichte und Gemeinfreie unterteilt. Daneben gab es auch noch Sklaven (wahrscheinlich Ciboneys), die außerhalb der Gemeinschaft standen. Sie verehrten übernatürliche Wesen, die in Verbindung mit Ahnenverehrung und einem Fruchtbarkeitskult standen. Auf Gegenständen des täglichen und zeremoniellen Gebrauches finden sich einfache Abbildungen ihrer Gottheiten. Neben Keramik wurden auch Schnitzarbeiten angefertigt und die Baumwolle zu Kleidungsstücken verarbeitet, die sie mit Perlen aus Muschelschalen verzierten. Am eindrucksvollsten zeigt sich die Kunst der Arawaks in den Felsgravuren, die heute im Archälogischen Park bei der Ortschaft Trois Rivières an der Südküste von Basse Terre zu besichtigen sind. Auf den Basaltsteinen erkennt man in den eingravierten Zeichen und Zeichnungen menschliche Antlitze, Symbole der Sonne und der Fruchtbarkeit, aber auch tierische Formen. Über Ursprung und Sinn dieser Zeichen wird noch immer von den Archäologen gerätselt. In ihrer Nähe wurde der Henkel einer Vase gefunden, die auf den Zeitraum zwischen 300 und 400 n. Chr. datierbar ist. Auf einem Felsen, genannt „la tortue“ („Schildkröte“), findet sich an der Basis eine Ritzzeichnung, deren Umriß an eine Schildkröte erinnert, vielleicht aber auch eine Krabbe darstellt. Ein weiterer Felsblock, „les capitaines“, besteht aus drei Teilen, von denen nur der linke Teil im Park zu sehen ist. Der untere rechte Abschnitt wurde bis 1975 ausgestellt, während der obere Abschnitt dieser Hälfte bereits 1901 zur Panamerikanischen Ausstellung nach Buffalo (USA) gebracht wurde und dann in die Sammlung des Naturhistorischen Museums in New York gelangte. Zwei weitere Steine zeigen menschliche Köpfe, deren Umrisse allerdings durch Erosion nur schwer erkennbar sind. Ihnen gegenüber liegt ein Stein, in den eine Vertiefung eingeschnitten ist („la cuvette“), während ein anderer Block deutlich abgeschliffen, fast wie poliert, erscheint. An einem anderen Felsen scheint der Kopf eines Arawak vor dem Eingang einer Grotte Wache zu stehen ...

Zwischen dem 10. und dem 15. Jahrhundert n. Chr. erreichte das Indianervolk der Kariben die Inselwelt der Antillen. Sie stammen vom Bergland Guyanas, wo noch heute ihre Nachfahren leben. Im Gegensatz zu den friedlichen Arawaks waren sie ein kriegerisches Volk, das mit schmalen, schnellen Holzkähnen die Meeresstraßen zwischen den Inseln überwand. Bis zur Ankunft der Spanier hatten sie sämtliche Inseln östlich und südöstlich von Puerto Rico erobert, mit Ausnahme von Trinidad, wo sie mit den Arawaks um die Vorherrschaft kämpften. Bei den Arawaks waren ihre Überfälle gefürchtet, da sie die Männer zu ihren Gefangenen und die Frauen zu ihren Gefährtinnen machten. Allerdings wurden die gefallenen Gegner auch bei rituellen Mahlzeiten verzehrt. Über die Umwandlung des Wortes „Kariben" zu „Kaniben" (durch die Berichte des Columbus) und schließlich zum Begriff „Kannibalen" für Menschenfresser wurde bereits im vorigen Kapitel berichtet.

Auf Guadeloupe (das sie „Karukera", „Insel des klaren Wassers", nannten) widersetzten sich die Kariben lange den europäischen Einwanderern. Als ein freies Volk „machten sie alles, was ihnen behagte, was sie sich aussuchten oder wünschten", berichtete noch der französische Missionspater Labat. Durch ihr heroisches Temperament nahmen sie eher ihre Ausrottung in Kauf, als sich dem Weißen Mann zu unterwerfen! Sie verhielten sich bereits 1493 Columbus gegenüber feindlich, und, 10 Jahre später, verweigerten sie den Patres des spanischen Dominikaner-Ordens sich anzusiedeln. 1515 kämpften sie, ebenso wie 1635, gegen eindringende französische Eroberer, die von der „Kompanie der Amerikanischen Inseln", unter dem Kommando von Plessis d'Ossonville und de l'Olive, finanziert wurde. Sie verloren wahrscheinlich 1660 ihre letzte Schlacht gegen die europäischen Einwanderer. Trotzdem widersetzten sich die wenigen Überlebenden weiterhin den Europäern, die natürlich viel besser bewaffnet waren und in letzten Scharmützeln auch die letzten Kariben auf Guadeloupe töteten. Heute lebt, als kümmerlicher Überrest, nur mehr eine Gruppe von zirka 500 reinrassigen Insel-Kariben in einem kleinen Reservat auf der südlich von Guadeloupe gelegenen Insel Dominica. Darüber wird im nächsten Kapitel berichtet.

Im Jahr 1649 kaufte Houél du Petit Pré die ganze Insel Guadeloupe um die Summe von 73 000 Pfund Sterling vom Eroberer Plessis d'Ossonville. 1664 gründete Colbert, Minister in der Regierung von König Ludwig XIV., die „Compagnie des Indes Occidentales", welche die wirtschaftliche Erschließung der Insel übernahm. Die Compagnie konnte ihre Tätigkeit auf der Insel für ein weiteres Jahrhundert durchführen, die Oberhoheit lag aber bei einem vom König ernannten Gouverneur. Die Compagnie heuerte Arbeiter in Frankreich an, die für 3 Jahre verpflichtet wurden und die Rückreise bezahlt bekamen. Daneben kamen aber auch Vagabunden, Abenteurer und einige Negersklaven auf die Insel. Vor allem wurden Maniok, Tabak und Zuckerrohr angebaut. Im 18. Jahrhundert kam es immer wieder zu Feindseligkeiten zwischen Frankreich und England, die in ihren Auswirkungen auch auf die Kolonien übergriffen. Es ging um die Vorherrschaft auf den Antilleninseln. Blockaden, bewaffnete Angriffe, Sabotageakte, Zerstörung von Ortschaften und der Raub von Sklaven wechselten einander ab. 1759 okkupierten die Briten die Insel Guadeloupe, ihre Herrschaft dauerte aber nur bis zum Frieden von Paris, 1763, in dem Guadeloupe an Frankreich zurückgegeben wurde. Die Insel wurde zu einer Provinz des französischen Königreiches, und die Verwaltung unterstand dem Marine-Ministerium. Noch immer florierte der „Import" von Negersklaven aus Westafrika. Obwohl bereits 1685 der „Code Noir" als Gesetz eingeführt worden war, der den Sklaven den Sonntag als Ruhetag zugestand und ihnen auch die Zuweisung von Nahrungsrationen neben anderen kleinen Rechten garantierte, blieb ihr Los weiterhin sehr beklagenswert.

Aber ohne die Sklaven aus Afrika wäre die größte wirtschaftliche Blüte der Karibischen Inseln, die Zeit der Plantagen-Monokulturen des Zuckerrohres, nicht möglich gewesen. Europa wollte immer mehr Zucker, dafür mußten im fernen Westindien Millionen von Afrikanern arbeiten, leiden und - sterben. Zur Zeit der Kolonisierung, im 17. und 18. Jahrhundert, brachte der Export von Rohrzucker einigen Wenigen große Gewinne und damit Reichtum. Als billige Arbeitskräfte boten sich nach der Ausrottung der Ureinwohner - unfreiwillig - die Bewohner der Westküste Afrikas an. Sie wurden eingefangen und verkauft, ihre Kräfte bis aufs Letzte ausgesaugt. Ihre Nachkommen, zum Teil vermischt mit Europäern, mit Hautfarben von tiefschwarz bis hellbraun, stellen heute den Großteil der Bevölkerung der Antilleninseln.

Über 250 Jahre lang blühte der „Wirtschaftszweig" des Sklavenhandels. Die „importierten" Schwarzen wurden nicht nur zur Arbeit auf den Zuckerrohrfeldern, sondern auch für die Ernte der Tabakblätter und von tropischen Früchten sowie als Hausangestellte und Diener gebraucht. „Dreieckshandel" nannte man den Warenaustausch zwischen Europa, Afrika und Westindien. Zuerst wurden europäische Fertigwaren wie Waffen, Schmuck und Branntwein den Stammesfürsten und Häuptlingen in Westafrika geliefert. Diese begehrten Produkte tauschte man gegen „lebende Ware", schwarze Männer, Frauen und Kinder, die auf Sklaven-Schiffen nach Westindien (aber auch nach Süd- und dem südlichen Nordamerika) transportiert wurden. Dabei mußte man als „Verlust" den Tod zahlreicher Schwarzer während der Überfahrt in Kauf nehmen. Auf der Rückreise nach Europa nahmen die vorher gut „gereinigten“ Segler Landesprodukte wie Zucker und Tabak mit, womit sich das „Dreieck des Handels“ wieder schloß! Obwohl bereits seit dem 15. Jahrhundert, vor allem durch die Portugiesen, gefangene Negersklaven gekauft wurden, begann das große „Geschäft“ erst mit der landwirtschaftlichen Entwicklung der neuentdeckten Inseln und des dahinterliegenden Kontinents.

Die eigentliche Menschenjagd, das „Einfangen“, besorgten afrikanische Untertanen der Stammesfürsten, die dann die „Ware“ an die weißen Agenten in den Faktoreien der Verschiffungsplätze ablieferten. Die Sklavenjäger entvölkerten oft ganze Dörfer, um ihre Einwohner in langen Märschen bis zu den Küsten zu treiben. Bereits bei diesem Landtransport erlagen viele der Eingefangenen den Strapazen des Marsches und dem Hunger. Nur wer halbwegs gesund und arbeitstauglich aussah, wurde gekauft, mit einer Brandmarke versehen und zur Verladung gebracht. Man pferchte die Sklaven in niederen Laderäumen eng zusammen und kettete sie, meist liegend, aneinander. Viele der armen, naiven Gefangenen glaubten entweder in der Hölle oder in die Hände weißer Menschenfresser gefallen zu sein. Der Ausfall an „Menschenware“ während der Überfahrt zu den Karibischen Inseln war enorm: Sie starben an Unterernährung und Seuchen oder versuchten aus Verzweiflung über Bord zu springen. Aufständische wurden grausam gefoltert. Aber auch nach dem Erreichen der Zielhäfen starben noch viele durch den Schock, den sie erlitten, wenn sie wieder an Land getrieben wurden. Mehr als ein Drittel der „Ladung“ mußte als „Verlust“ einkalkuliert werden. Die Überlebenden wurden nun einer „Aufwertung“ unterzogen, das heißt sie bekamen bessere Nahrung, und ihre schwarzen Körper wurden eingeölt, damit dem Käufer eine „glänzende“ Ware angeboten werden konnte. Gingen sie nach Feilschen in den Besitz des Plantagenherren über, bekamen sie das Monogramm des weißen Siedlers eingebrannt. Auf den Pflanzungen waren einige Sklavenhütten eingerichtet, und Aufseher regelten Zucht und Ordnung. Sie überwachten auch den 16- bis 18stündigen Arbeitstag, jeder Verstoß wurde streng bestraft. Es ist daher kein Wunder, daß bei der in der Regel schlechten Ernährung die meisten Negersklaven kaum älter als 30 Jahre wurden. Die Pflege kranker Sklaven vernachlässigten die Besitzer, denn der Erwerb neuer Sklaven kam billiger. Dagegen war reicher Kindersegen gern gesehen. Schwangere Sklavinnen genossen einen gewissen Schutz und wurden auch wegen der Betreuung der Kinder teilweise von schwerer Arbeit befreit. Nicht selten wurden junge, noch kräftige Sklavinnen von den weißen Besitzern geschwängert, denn vor allem in den ersten Jahrzehnten der Kolonisierung kamen nur selten weiße Frauen mit den Männern auf die heißen Tropeninseln. So kam es allmählich zu einer neuen sozialen Schicht, den Mulatten, die eine Mittelstellung zwischen den weißen Herren und den schwarzen Sklaven einnahmen. Die Furcht vor Aufständen war groß, daher wurde jedes noch so geringfügige Vergehen streng bestraft. Allmählich stand der großen Zahl an Schwarzen nur eine kleine Gruppe von Weißen und Mulatten gegenüber. Auf Guadeloupe kamen im 19. Jahrhundert etwa acht Sklaven auf einen Weißen!

Der Sklavenhandel wurde von den Regierungen der Kolonialmächte in Europa nicht nur geduldet, sondern sogar gefördert. Schließlich verdiente man viel Geld mit Zuckerrohr und später auch mit Tabak. Es gab eigentlich nur eine einzige Autorität, die dagegen Einspruch erheben hätte können (und müssen) – die Kirche. Seit den Entdeckungsfahrten des Columbus und seiner Nachfolger kamen auch viele Missionare auf die Karibischen Inseln. Sie betreuten natürlich auch die Sklaven, aber nur wenige Patres waren unter ihnen, die die Sklaverei verurteilten. Manche der Orden hatten sogar eigene Plantagen, auf denen Sklaven arbeiteten, die von den Ordensbrüdern „väterlich" betreut wurden. Die meist französischen Missionare der katholischen Kirche tauften in der Regel die neuangekommenen Sklaven, um wenigstens „ihre Seele zu retten". Sie erreichten auch, daß sie am Sonntag an der Messe teilnehmen durften. Die Schwarzen nahmen die Botschaft des Evangeliums, das ihnen Glück im Jenseits versprach, gerne auf; sie wurden fromme Christen, die ihren Glauben oft in wehmütigen Liedern ausdrückten.

Doch der Wille zum Aufstand, zum Widerstand gegen die weißen Ausbeuter, war nicht zu unterdrücken, er flackerte immer wieder auf. Vor allem auf den Inseln der Großen Antillen, auf Kuba, Jamaika und Haiti. Auf letzterer Insel war die Revolution von 1791 nicht nur der erste lateinamerikanische, sondern auch der einzige erfolgreiche Sklavenaufstand, der zur ersten Schwarzen-Republik der Welt führte ...

Auf den französisch verwalteten Inseln begann der erste Hoffnungsstrahl der Sklavenbefreiung mit dem Jahr 1789, als die Revolution in Paris die Schlagworte „Freiheit, Gleichheit, Brüderlichkeit" ausrief. Es kam bereits im April 1794 zu einer ersten, wenn auch nur kurze Zeit währenden Abschaffung der Sklaverei auf Guadeloupe und Martinique. Nicht lange nach der Deklaration der Menschen- und Bürgerrechte durch die Französische Nationalversammlung kam es auf

Guadeloupe zu Aufständen und Demonstrationen, und Agitatoren stachelten die Schwarzen zu einer Revolution auf. Im Mai 1794 landeten die Engländer auf Guadeloupe, die man zuerst als „Befreier" mit offenen Armen aufnahm. Sie führten aber rasch eine strenge, repressive Verwaltung ein, und dem „schwarzen" folgte nun ein „weißer Terror". Nicht genug damit: Ende 1794 nahmen die Franzosen wieder Besitz von der Insel. Es begann der „rote Terror", denn der französische Eroberer, der Jakobiner Victor Hugues, brachte von Paris eine brandneue Guillotine mit, die er auf der Insel Basse Terre aufstellte und sofort in Betrieb nahm. 1799 erklärte er den Ausnahmezustand und wurde noch unpopulärer. Man versetzte ihn daher nach Französisch Guyana, wo er, der auf Guadeloupe die Herrschaft der Besitzenden mit der Guillotine beenden wollte, mit derselben Energie eine Sklavenwirtschaft einführte! Auf Guadeloupe waren die Zeiten weiter unruhig: Der neue Gouverneur (oder Capitaine Général), Lacrosse, wurde 1801 bei einer Revolte der früheren Sklaven, angeführt von einem gewissen Ignace, gefangengesetzt. Mit Hilfe des Mulatten-Offiziers Magloire Pelage konnte er der Gefangenschaft entkommen, und Pelage wurde dafür später zum „vorläufigen" Gouverneur der Insel bestellt.

Unterdessen war in Paris Napoleon Bonaparte Erster Konsul der französischen Republik geworden. Ihm mißfielen die ständigen Unruhen und Querelen, und er sandte ein Bataillon unter dem Kommando von Richepanse, einem der jüngsten Generäle in der französischen Armee, nach Guadeloupe. Die Truppen landeten am 6. Mai 1802 in Pointe-à-Pitre. Lacrosse wurde erneut Gouverneur, und die Regierung führte die Sklaverei wieder ein. Aber auch die Engländer kamen nochmals und besetzten die vorgelagerten Insel Marie Galante, die Îles des Saintes und, 1810, die große Doppelinsel. Sie verwalteten Guadeloupe in den folgenden Jahren bis zur Wiedereinführung der Monarchie in Frankreich. Eine große Konfusion entstand während der sogenannten „100 Tage“ zwischen der Rückkehr Napoleons von Elba und seinem neuerlichen Exil auf St. Helena: Die verschiedensten Parteien – Bonapartisten, Königstreue und Anhänger der Briten – stritten untereinander. Letztere behielten die Oberhand und ernannten Sir James Leith zum Gouverneur. Er wurde schließlich 1816 vom Grafen von Lardenoy abgelöst, den Frankreich, nach diplomatischen Gesprächen zwischen den beiden Großmächten beim Wiener Kongreß, nach Guadeloupe entsandte. Unterdessen nahm auf der Insel die friedliche Entwicklung ihren Aufschwung, Stadt- und Dorfverwaltungen sowie freie Schulen wurden eingerichtet. Ein Mann muß besonders hervorgehoben werden: der Elsässer Victor Schoelcher, ein erfolgreicher Kämpfer für die endgültige Sklavenbefreiung. Bereits 1838 wurde das von ihm ausgearbeitete Gesetz zur Freilassung der Sklaven von der französischen Regierung anerkannt, aber erst 10 Jahre später, 1848, konnte es auf Guadeloupe durchgeführt werden. Die ehemaligen Sklaven durften sich frei auf der Insel niederlassen; gleichzeitig wurden Pressefreiheit und das allgemeine Wahlrecht verkündet.

Durch die Freilassung der Negersklaven kam es auf den Plantagen zu einem großen Mangel an Arbeitskräften. Er wurde dadurch kompensiert, daß man Arbeiter in Südindien anwarb. Ihre Nachkommen siedeln noch heute verstreut in eigenen Dörfern auf Guadeloupe. Da diese Inder meist strenggläubige Hindus sind, kam es auch kaum zu Vermischungen mit den Mulatten und Schwarzen. Hindutempel sind immer wieder neben den Siedlungen der Inder anzutreffen, die auch ihre religiösen Feste farbenfroh feiern. Auch Chinesen, seltener Japaner und Koreaner, wanderten im letzten Jahrhundert ein und betätigen sich meist als Händler und Gastronomen. Auf Guadeloupe kann man zum „Chinesen ums Eck“ billig essen gehen!

Während des Zweiten Königreiches kam es auch zur Gründung der Bank von Guadeloupe, der großen Fabrik von Darboussier in Pointe-à-Pitre und zur Einrichtung von Ratsversammlungen. In der Dritten Republik war Guadeloupe bereits durch Abgeordnete im Pariser Parlament vertreten, Gerichtshöfe wurden installiert, aber auch das Schulwesen wurde ausgeweitet und 1883 das Lyzeum von Guadeloupe eröffnet. Einwohner der Doppelinsel dienten im Ersten Weltkrieg in der französischen Armee, woran zahlreiche Kriegerdenkmäler erinnern.

1925 war ein Unglücksjahr, denn einer der großen Wirbelstürme, die immer wieder die Karibik heimsuchen, nahm seinen Weg über Guadeloupe, und neben zerstörten Häusern waren vor allem 1500 Tote zu beklagen.

Während des Zweiten Weltkrieges blieb der Gouverneur der Insel dem Regime des Marschall Petain in Vichy treu. Die Folge waren Blockaden durch die Flotte der Alliierten, die zu großen wirtschaftlichen Schwierigkeiten führten. Im Juni 1943 kam es zu Verhandlungen zwischen Admiral Robert, dem Hochkommissar für die Antillen, mit Vertretern des freien Frankreichs, und das Komitee der Nationalen Befreiung entsandte Bertaut als Gouverneur. Gleichzeitig kämpften bereits 2000 Soldaten der Inseln in der französischen Befreiungsarmee. Der Endpunkt in der neueren Geschichte von Guadeloupe wurde am 19. Mai 1946 gesetzt, als die Doppelinsel durch eine Gesetzesverfügung zu einem Département des Mutterlandes Frankreich wurde und damit heute auch am Europäischen Wirtschaftsraum teilnimmt.

In Frankreich werden alle Bewohner französischer Übersee-Territorien als „Créoles“ bezeichnet. Im allgemeinen Sprachgebrauch wird der Begriff „Kreole“ (von portugiesisch und spanisch „Criollo“) für alle in Lateinamerika von europäischen Eltern geborenen Menschen verwendet. Allerdings schließt die französische Bezeichnung „Créoles“ auch alle Mischlinge und Nachfahren der afrikanischen Plantagenarbeiter ein. Mulatten (spanisch: „mulo“, „mulato“ = „Maulesel“) sind Europäer-Neger-Mischlinge, wobei alle Grade der Mischung zwischen Weißen und Afrikanern auf den Karibikinseln zu finden sind. Ursprünglich, während der Kolonialzeit, waren es meist Kinder aus der Verbindung zwischen einem Europäer und einer Negerin. Relativ selten sind dagegen Mestizen (spanisch: „mestizo“, aus lateinisch: „mixtus“ = „vermischt“), Mischlinge zwischen Weißen und Indianern. Mischlinge zwischen Indianern und Negern werden in Brasilien als „Zombos“ bezeichnet. Auf den Antilleninseln sind sie kaum (höchstens auf Dominica) vertreten, da die Indianer bereits vor der „Einfuhr“ afrikanischer Sklaven ausgerottet waren!

Die Doppelinsel Guadeloupe erinnert in den Umrissen seiner Küstenlinien an einen Schmetterling mit ausgebreiteten Flügeln. Die beiden Hauptinseln umfassen eine Fläche von 1509 Quadratkilometern, mit den vorgelagerten Inseln Marie Galante, Îles des Saintes, La Désirade, St. Barthélemy und St. Martin erweitert sich die Fläche auf insgesamt 1780 Quadratkilometer (ungefähr die Hälfte des Burgenlandes). Die Gesamteinwohnerzahl erreicht ungefähr 360000 Menschen, davon sind 65 Prozent Mulatten, 27 Prozent Schwarze, 7 Prozent Weiße, der Rest Inder,

Chinesen und andere Völker. 95 Prozent der Inselbewohner bekennen sich zur römisch-katholischen Kirche. In der Hauptstadt Pointe-à-Pitre leben zirka 60 000 Einwohner. Im Durchschnitt zählt man 215 Menschen pro Quadratkilometer, wobei über die Hälfte weniger als 20 Jahre alt ist. Der ständig steigende Bevölkerungsüberschuß bringt große Probleme, und Frankreich siedelt jährlich 2 500 bis 3 000 Einwohner in andere Überseegebiete und nach Frankreich um. Je ein Viertel der Erwerbstätigen sind in der Landwirtschaft (Plantagen) sowie in der Industrie (Zuckerrohrverarbeitung) und im Gewerbe tätig. Etwa die Hälfte arbeitet in Dienstleistungsbetrieben aller Art (in den letzten Jahrzehnten vor allem in der Tourismusbranche!). Jährlich erreichen etwa über eine Million Fluggäste die Insel, wobei mehr als 200 000 Feriengäste oder Besucher von Kreuzfahrten sind.

Die Verwaltung des Übersee-Départements untersteht einem Präfekten, unterstützt von einem Generalrat aus 36 gewählten Mitgliedern. In der Französischen Nationalversammlung in Paris ist Guadeloupe mit drei, im Senat mit zwei und im Wirtschafts- und Sozialrat der Republik Frankreich mit je einem Abgeordneten vertreten.

Das Hauptquartier der Österreichischen Forschungsexpedition befand sich in einem Gästehaus des Institut National de la Recherche Agronomique (INRA) in der Domaine de Duclos bei Petit Bourg, dem Hauptort der Insel Basse Terre. Wir mieteten für unsere Exkursionen ein Auto, dessen Lenker, der schwarze Kreole Nicole (er stammte aus Haiti), unser ständiger Begleiter und Helfer wurde. Jeden Morgen starteten wir zu Erkundungsfahrten ins Innere der beiden Inseln, teils um unsere zoologischen Untersuchungen und Aufsammlungen durchzuführen, teils um Filmaufnahmen zu drehen. Einmal in der Woche ging es in die Hauptstadt Pointe-à-Pitre zum Wocheneinkauf. Dabei besuchten wir nicht nur den Supermarkt „Prisunic“, sondern auch die offenen Kreolenmärkte auf den Stadtplätzen oder den Zentralmarkt, den „Marché Central“, in einer gußeisernen Halle.

Der Name der Stadt Pointe-à-Pitre leitet sich von einem holländischen Seemann namens Pieter her, der im 17. Jahrhundert seine frisch gefangenen Fische in der Nähe einer kleinen Landungsbrücke am Meeresufer verkaufte. Dieser „Ponton-à-Pitre“ („Brücke des Peter“) wurde schließlich zum „Pointe-à-Pitre“. An der Stelle der „Petersbrücke“ befindet sich heute ein moderner Hafen mit riesigen Dockanlagen und Kais mit Landungsmöglichkeiten für große Überseeschiffe. Übrigens findet man in der Stadt einige Platzbezeichnungen, die an „alte Zeiten“ erinnern: so zum Beispiel der Morne-à-l’eau („Wasserhügel“), Petit cul-de-sac („Kleine Sackgasse“), Fond de Curé („Grund des Pfarrers“) oder Ilot Tête d’Anglais („Kopf des Engländers“). Die Entwicklung zum wirtschaftlichen Zentrum von Guadeloupe verdankt die Stadt ihrer Lage nahe der Wasserstraße Rivière Salée, welche die Inseln Grande Terre und Basse Terre trennt und bei der sich ein Naturhafen gebildet hat. Die zahlreichen kriegerischen Ereignisse der früheren Jahrhunderte, aber auch Wirbelstürme und Brände haben die historische Bausubstanz der Stadt fast vollständig zerstört. Die Gebäude der Innenstadt sind daher kaum älter als 100–150 Jahre. Besonders bemerkenswert sind Häuser vom Beginn unseres Jahrhunderts mit holzgeschnitzten Fassaden und Balkons aus Gußeisen. Auch die im Jahre 1847 erbaute Basilika St. Peter und Paul überrascht im Inneren mit einer Konstruktion aus vorgefertigten Eisenteilen.

Im Hafen liegen große Übersee-Passagierschiffe, Yachten, Transportboote für den Inselverkehr und Fischerkähne, die „saintois" genannt werden. Viele von ihnen sind immer noch Segelboote und nützen die Winde zwischen dem Atlantik und dem Karibischen Meer aus. Immer wieder entdeckt man abgetakelte, leere, alte Kähne, die bei den heftigen Wirbelstürmen gekentert sind. Man denkt dabei auch an die Piraten und Abenteurer, die vor Jahrhunderten das Karibische Meer durchkreuzten, um reich beladene Kauffahrtschiffe aufzubringen, deren Schätze sie nicht selten auf abgelegenen Plätzen der kleinen Inseln versteckten. Nicht umsonst liegt die berühmte „Schatzinsel" von Louis Robert Stevenson im Karibischen Meer, dem Dorado der Freibeuter!

Nachdem sich auf dem mittel- und südamerikanischen Festland die erhofften Silber- und Goldfunde erfüllten, wurde der Frachtverkehr über den Atlantik immer stärker. England, Frankreich und später die Niederlande wurden im 16. und 17. Jahrhundert zu Seegroßmächten, die begannen Spanien (und Portugal) in Westindien zu verdrängen. Die spanischen Handelsschiffe waren mit schweren Edelmetallen bis zum Deck beladen und forderten zur Piraterie direkt heraus. Obwohl nun die Spanier ihre Frachtfahrten – zum Schutz vor Seeräubern – nur mehr in bewachten Geleitzügen von 40 bis 80 Schiffen durchführten, kam es immer wieder zu Plünderungen der Zwischenlagerplätze auf den Antilleninseln. Das Karibische Meer und der westliche Atlantik entwickelten sich vom 16. bis zum 17. Jahrhundert zur Wirkungsstätte der sogenannten „Flibustiere" oder „Bukaniere", die mit ihren schnellen und wendigen Brigantinen den schwerfälligen, vollbeladenen Handelsschiffen deutlich überlegen waren. Einer der berühmtesten englischen Piraten war Francis Drake

(1539–1596), von Königin Elisabeth I. zum Sir geadelt. 1588 besiegte er – als Vizeadmiral – die berühmte Spanische Armada, ein Schlag, von dem sich Spanien nicht mehr erholt hat.

Viele der für eigenen Profit raubenden Piraten versteckten sich nach ihren Überfällen in abgelegenen Buchten der Inseln der Kleinen Antillen und vergruben dort zum Teil ihr Raubgut. Noch heute vermutet man auch auf Guadeloupe vergrabene Silber- und Goldschätze. Gefürchtete Seeräuber zwischen den Karibischen Inseln, deren Abenteuer immer wieder beschrieben und auch verfilmt wurden, waren der berüchtigte Käptn Kidd, weiters Roberts, Every, Davis, Belamy, Blackbeard („Schwarzbart"), Vane, Major Bonnet und vor allem John Rackam, genannt „Calico Jack". Er soll stets eine Hose aus fester Calicutbaumwolle getragen haben, die er angeblich nie wusch, um sie „kugelfest" zu machen. An Bord seiner Schaluppe „Dragon" („Drache") lebte auch eine Frau in Männerkleidung, die berüchtigte Piratin Anne Bonny. Bei Überfällen soll sie beim Hauen, Stechen, Schießen und Fluchen ihre Räubergenossen fast übertroffen haben. Eine weitere damals „berühmte" Piratin war Mary Read. Sie wurde als Junge aufgezogen, schließlich Page und Soldat. Nachdem man sie als Frau erkannt hatte, heiratete sie einen Kameraden, wurde aber bald Witwe und legte wieder Männerkleidung an. So kam sie zur britischen Marine, geriet in Piratenhand und wurde nach einem Schiffbruch von der „Dragon" aufgefischt. So kam Anne Bonny zu einer Kollegin!

Das Husarenstück gelang der Besatzung der „Dragon" mit der Enterung eines spanischen Flaggschiffes mit voller Bordkasse und reichlichen Vorräten. Obwohl die Engländer diesen Überfall zuerst nur „schmunzelnd" zur Kenntnis nahmen, mußten sie schließlich doch, auf die Proteste Spaniens hin, eingreifen. Unter der Leitung von Kapitän Barnet (einem ehemaligen Piraten!) wurde der Schlupfwinkel von Calico Jack und seiner Kumpane gefunden. Die vom „vino tinto" vollkommen berauschte Räuberbande war bald überwältigt und kam am 16. und 17. November 1720 vor das Admiralitätsgericht auf Jamaika. Nachdem alle Piraten zum Tod durch den Strang verurteilt worden waren, baten zwei zerlumpte Gestalten um Gnade, da sie sich – es waren Anne Bonny und Mary Read – in anderen Umständen befänden! Mary starb wenig später an Kindbettfieber, während Anne durch Geschäftsfreunde ihres Vaters freigekauft wurde. Sie soll später angeblich sogar die Frau des Provinzgouverneurs von Jamaika geworden sein ...

Bei unserem Spaziergang am alten Hafen haben wir ein bißchen in die bewegte Vergangenheit der Karibik zurückgeblickt. Nach wenigen Schritten gelangen wir zum baumbestandenen Place de la Victoire („Siegesplatz"), dem Herz von Pointe-à-Pitre. Er erinnert an die Französische Revolution, aber auch daran, daß hier zu dieser Zeit die Guillotine stand und viele Köpfe rollten ... Heute ist er ein beliebter Rendezvousplatz der Stadtbewohner und Touristen, wo sie zwischen Gartenanlagen mit Palmen, blühenden Sträuchern und immergrünem Rasen herumflanieren oder sich auf den zahlreichen, grüngestrichenen Eisenbänken zu einem Plausch einfinden. Die Hauptverkehrsstraße, die Rue Frebault, wird von den Schaufenstern der verschiedensten Geschäfte eingesäumt. In den Modeboutiquen bietet man sogar die neuesten Schöpfungen der Pariser Haute Couture – für die dickeren Brieftaschen – an. Daneben finden sich aber auch Supermärkte mit den verschiedensten Sonderangeboten. In den kleinen Nebenstraßen fühlt man sich mit den zahlreichen kleinen, offenen Läden der Inder, Chinesen und Malaien in einen orientalischen Basar versetzt. Zahlreich sind auch die Andenkenläden vertreten. Sie bieten Halsketten aus bunten Samen und trockenen Früchten, Armreifen aus Schildpatt, Strohhüte, Matten und Körbe, aber auch die bunten Schalen von Meeresschnecken und Muscheln, Haifischzähne sowie getrocknete, ballonartig aufgeblasene Igelfische feil. Vom Spazieren und den vielen Eindrücken ermüdet, kann man sich in einem der vielen kleinen Cafés mit offenen Terrassen erholen. Schnell eilt der Kellner herbei und stellt ein Glas mit wasserklarer Flüssigkeit auf das Eisentischchen. Wenn der durstige Fremdling davon einen kräftigen Schluck nimmt, beginnt er meist zu hüsteln und zu spucken, denn das vermeintliche Wasser ist der hier übliche klare und starke Rum aus Zuckerrohr, der „coeur-de-chauffe“ („Herzwärmer“).

Unsere ersten Erfahrungen mit dem Nationalgetränk der Karibik waren übrigens enttäuschend: Als unser Kameramann Franz Fehringer und unser technischer Filmleiter Dr. Walter Völlenkle zu unserem Team stießen, war eine ihrer ersten Fragen, welche Rum-Marke man kaufen solle. Nicole war für uns der einheimische Fachmann, und er brachte uns sogleich zu seinem „Greißler“, damit wir „seine“ Marke mit dem klingenden Namen „Montebello“ erwerben konnten. Erwartungsvoll öffnete Franz die Flasche, um einen ersten Schluck zu verkosten; mit säuerlicher Miene reichte er die Flasche an Walter weiter, der ebenfalls einen kleinen Schluck nahm und dieselbe enttäuschte Miene zeigte. Der „Montebello“ schmeckte abscheulich! Als wir am Abend unseren französischen Kollegen Ing. Therezien von unserer ersten Rum-Erfahrung mit der Marke „Montebello“ berichteten, schlug er entsetzt die Hände über dem

Kopf zusammen: Wir hatten jene minderwertige Rumsorte gekauft, die aus den Abfällen der Zuckerproduktion destilliert wird. Sie wird hauptsächlich von den kreolischen Zuckerrohrarbeitern getrunken und in Kneipen angeboten. Nicole war sehr erfreut, als wir ihm am nächsten Tag die fast volle Flasche schenkten. Yves konnte uns natürlich Rumsorten von hochwertiger Qualität empfehlen. Sie waren aber auch wesentlich teurer als Nicoles „Montebello". Über die Bedeutung des Rums, seine Geschichte und seine vielfältige Verwertung in der Karibik wird in einem der nächsten Kapitel ausführlich berichtet.

Auf den bunten Märkten von Pointe-à-Pitre trifft man gelegentlich auf Magier männlichen und weiblichen Geschlechts. Sie werden von den Kreolen „quimboiseurs" genannt und genießen auf den Karibischen Inseln, auf denen Aberglaube und magische Vorstellungen noch weit verbreitet sind, hohes Ansehen. Der Name geht auf die frühen Zeiten der Missionierung zurück: Bei der Behandlung von Kranken reichten die Patres ihren Heil-(oder Gift-?)Trank mit den Worten „tiens, bois" („nimm, trink"). Genas der Kranke von seinem Leiden, so schrieb man dies vor allem der magischen Wirkung der Worte des Gottesmannes zu. Diese Worte wurden allmählich im kreolischen Dialekt zu „quimbois" verballhornt. Die heutigen Zauberer oder Naturheiler behandeln sowohl physische als auch psychische Leiden mit magischen Sprüchen. Daneben verschreiben sie Heilgetränke aus verschiedenen Kräuterbüchern. Abergläubische Vorstellungen sind weit verbreitet, und Nicole, unser Chauffeur, erzählte uns, daß er seinen Wagen abrupt anhalten müsse, wenn der Kopf eines schwarzen Hahnes auf der Straße läge. Viele Kreolen sind auch überzeugt, daß die Geister der Verstorbenen und „Zombies", Körper ohne Seele, auf die

Lebenden einwirken. Man muß daher auf der Hut sein, sie nicht zu vergrämen. Wenn in der Nacht Stürme ums leicht gebaute Haus aus Brettern und Wellblech brausen und Fenster, Türen und Wände knarren, so hört man in der Finsternis die Stimmen der Unsichtbaren. Sie können aber auch die Gestalt eines glühenden Balles, eines schwarzen Hundes oder Hahnes annehmen. Am besten ist es daher, dem Verstorbenen einen Schluck Rum in den offenen Mund zu gießen, damit er mit dem „Geist" der hiesigen Welt ins Jenseits hinüberwechselt!

Man kann aber auch bei einem Ausflug zu einem blühenden Garten, inmitten der flammenden Blüten der Flamboyant-Bäume und von Hibiskus, an die blutige Vergangenheit von Guadeloupe erinnert werden. 4 Kilometer von Pointe-à-Pitre erheben sich die Überreste einer alten Festung mit dem merkwürdigen Namen „Fleur d'Epée" („Blume des Schwertes") auf dem Felsvorsprung einer malerischen Bucht über dem tiefblauen Meer. Den Eingang zum Garten auf dem Plateau der Festung flankieren verrostete, alte Kanonenrohre. Graue, verwitterte Mauern, befestigte Gräben und unterirdische Gänge, welche einst Waffenlager und Kasematten verbanden, zeugen von der Wehrhaftigkeit dieses ehemaligen Forts. Während man heute die friedvolle Atmosphäre von Sonne, Garten und Meer genießt, kann man sich kaum vorstellen, daß hier am Ende des 18. Jahrhunderts blutige Kämpfe stattgefunden haben. Im April 1794 stürmten englische Soldaten die Festung, die 2 Monate später, in einer Schlacht Mann gegen Mann, durch die Franzosen zurückerobert wurde.

Bei unseren Erkundungsfahrten längs der Südküste der Insel Basse Terre passierten wir einige Male, zirka 10 Kilometer südöstlich von Pointe-à-Pitre, das Küstendorf La Gosier. Es liegt malerisch an einem weiten, weißen Sandstrand und gibt den Blick auf ein kleines, gleichnamiges Inselchen frei. Mit der idyllischen Ruhe des einstigen Fischerdorfes ist es längst vorbei. Es sind nicht nur die „Pointus“ (scherzhafte Bezeichnung für die Einwohner von Pointe-à-Pitre), die gerne ihr Wochenende zum Baden, Tauchen und Surfen hier verbringen. Es entstand in den letzten Jahren auch ein Touristenzentrum. Mehrere Hotels, darunter auch einige der Luxusklasse, beherbergen Besucher aus Europa und den Vereinigten Staaten. Natürlich finden sich in ihrer Umgebung auch zahlreiche Restaurants, Bars und Tanzlokale, die „Touffe-yens-yens“. Dieser kreolische Ausdruck meint das „Ersticken der Flöhe und Läuse“, wenn sich die Tänzer bei den wilden Tänzen, wie dem Baikarou oder dem Cocoteraie, erhitzen. Bis in den frühen Morgen tönen die heißen Rhythmen der Kreolenbands durch die heiße Tropennacht ...

Bei der Weiterfahrt an der Südküste passieren wir das alte Küstenstädtchen von St. Anne, das nach der Königin Anne von Österreich, der Frau Ludwig XIII., benannt wurde. Sie war die Tochter von König Philipp III. von Spanien und Margarete von Österreich. Nach Ludwigs Tod war sie von 1643 bis 1651 Regentin von Frankreich für den minderjährigen Ludwig XIV. St. Anne war früher ein bedeutender Hafen und das Hauptquartier der Admiralität. Der weite, weiße Sandstrand, bestanden von Kokospalmen und schattigen, immergrünen Bäumen, lädt die Touristen des Luxushotels „Caravelle“ – mit seinen 160 Zimmern mit Klimaanlage eines der größten Hotels der Insel – zum Wassersport oder zum erholsamen Dösen ein.

Um den Fischreichtum des Meeres kennenzulernen, setzen wir die Küstenfahrt nach Südosten fort und erreichen St. Francois mit seinen berühmten, reichhaltigen Fischmärkten. Der Strand, von den Kreolen „Raisin Clairs“ („Helle Traube“) genannt, wird von glasklarem Wasser bespült, das oft als Gischt in hohen Wellenbergen heranrollt. Im Ort kann man noch viele typische, alte Kolonialhäuser sehen. Sie besitzen das Haus umlaufende, vorragende Balkons auf gußeisernen Säulen. Die Köche der Touristenhotels und der kleineren und größeren Strandrestaurants erstehen ihre Fische und Krustentiere direkt an den Anlegeplätzen der Fischerkähne. Diese „Früchte des Meeres“ bilden die Grundlage der verschiedensten kreolischen Fischgerichte, die stets mit scharfen Gewürzen serviert werden. Auf den offenen Grillrosten der zahlreichen kleinen Fisch„beisln“ rösten neben Thunfischschnitten auch verschiedene Krebse wie Krabben, Garnelen und Langusten.

Am Ende der Küstenstraße erreicht man die östlichste Spitze der Insel Grande Terre beim Point des Chateaux („Landspitze der Burgen“). Schon vor dem Erreichen der steil abfallenden, spitzen Klippen hört man das Donnern und Rauschen der heranrollenden Atlantikwellen. Vor uns ragen schwarze, zerfurchte Vulkansteinfelsen wie Türme und Zacken von Burgruinen aus dem tiefblauen Meer. Ständig werden sie von hoher Gischt umspült, bis das Wasser in hohen Fontänen über die Felsen versprüht. Die höchste der Felszacken wird von einem einsamen Kreuz überragt. Einige Klippen sind vom Festland bereits abgetrennt und als kleine Felseninseln der Küste vorgelagert.

Die Felsen sind die Überreste eines alten Vulkansockels, der im Inneren von Grande Terre von Korallenkalk-Schichten überlagert wird. Zum Baden ist die wellenumtoste Felsküste nicht geeignet und doch findet sich Leben auf und zwischen dem zerfurchten und durchlöcherten Gestein! Seine Oberfläche ist zum Großteil von inkrustierenden Algen überzogen, der Nahrungsgrundlage für einige Weichtiere der Felsküste. Die Westindische Käferschnecke (*Chiton tuberculatus*) sitzt mit ihrem saugnapfförmigen Fuß dicht an den Untergrund angepreßt. Ihr Weichkörper wird an der Rückenfläche von acht gegeneinander beweglichen Kalkplatten bedeckt, wodurch das Tier gegen den mechanischen Druck der Wellen geschützt ist. Mit Hilfe der spitzen Zähne ihrer Raspelzunge (Radula) kratzt *Chiton* die Algen an der Felsoberfläche ab. Zwischen dem äußeren Rand des Weichkörpers und dem Fußrand liegen in einer Rinne zahlreiche Kiemenblättchen – Atmungsorgane, die ständig von frischem, sauerstoffreichem Wasser durchspült werden. Interessant ist, daß die Kalkplatten von feinen Nervenfasern durchzogen sind, denen an der Schalenoberfläche kleine, augenähnliche Lichtsinnesorgane aufsitzen. Sie ermöglichen dem Weichtier, einen Hell-Dunkel-Eindruck der Außenwelt wahrzunehmen.

Die gefleckte Napfschnecke (*Acmaea pustulata*) besitzt ebenfalls einen saugnapfförmigen Fuß und vermag mit ihrem starken, hufeisenförmigen Schalenmuskel ihre napfförmige Schale so fest an den felsigen Untergrund zu pressen, daß man sie nur unter Kraftanwendung mit einem flachen Messer unbeschadet ablösen kann. Während sich die Napfschnecken tagsüber kaum bewegen, kriechen sie in der Nacht langsam umher, weiden die Krustenalgen ab, und kehren am Morgen wieder zu ihrem Ausgangspunkt zurück.

In den zahlreichen Ritzen und Hohlräumen der Küstenfelsen sitzen, in kleinen Trupps, verschiedene Arten von Strandschnecken (*Littorina*), deren Vorkommen sich bis in die obere Spritzwasserzone erstreckt. Sinkt der Wasserspiegel bei Ebbe, so können sie, als Schutz gegen Austrocknung, ihre Gehäuseöffnung mit einem Deckel verschließen. Gelangen sie bei Flut wieder ins Wasser, so kommen sie aus dem schützenden Haus und kriechen langsam umher, um mit der Raspelzunge Krustenalgen abzuweiden. In dichten Kolonien sitzen die Seepocken (*Chthamalus*) aus der Gruppe der Rankenfußkrebse auf überspülten Felsplatten. Der Körper dieser festsitzenden Krebse ist von einem Ring aus Kalkplatten (Mauerkrone) umschlossen. Oben ist diese Schalenhülle durch zwei bewegliche Plattenpaare verschließbar. Die Krebsfüßchen sind zu rankenförmigen Fangbeinen umgestaltet. Beim Öffnen der oberen Platten ragen sie frei ins bewegte Wasser und fangen, durch auf- und abschlagen, feinste Schwebeorganismen (Plankton) aus dem vorbeiströmenden Wasser.

Filtrierer sind auch die Zwerg-Miesmuscheln (*Brachidontes*), die sich mit festen, klebrigen Fäden „anseilen" können, die sie aus der sogenannten Byssusdrüse im Fuß absondern. Durch ein kurzes Atemrohr (Sipho) fließt Meerwasser in die Kiemenhöhle der Muschel. Beim Durchströmen der langen, fadenförmigen Kiemen wird diesen nicht nur Sauerstoff zum Atmen zugeführt, sie filtrieren auch das Kleinstplankton wie Bakterien und Einzeller aus dem Wasser ab. Die Nahrung wird über eine Schleimrinne der Mundöffnung zugeleitet ...

An der östlichen Atlantikküste liegt Le Moule, eines der ältesten Städtchen von Guadeloupe. In früheren Jahrhunderten war es der Hauptverladeplatz für Rohrzucker und Rum und daher von den Kolonialmächten sehr umkämpft. Ein altes Fort an der Küste erinnert mit seinen verrosteten Kanonen an die Rivalität zwischen Briten und Franzosen in den Jahren 1794 und 1809. Über sanfte Hügel und breite, grasbestandene Täler, auf deren Grasweiden Rinderherden die Landschaft beleben, gelangt man nach Grand Fonds. Hier lebt eine isolierte Gruppe „weißer Kreolen“ in einer anachronistischen Autarkie. Sie werden die „Blancs Matignon“ genannt und sind Nachkommen von Aristokraten, die während der Französischen Revolution, als Victor Hugues die Guillotine in Pointe-à-Pitre aufstellen ließ, in die damalige Wildnis im Inneren von Grande Terre flüchteten. Bis heute heiraten sie innerhalb ihrer Gemeinschaft und führen ein äußerst einfaches Leben als Viehzüchter und Kleinbauern. Der äußerste Nordosten von Grande Terre wird Port d'Enfer („Pforte zur Hölle“) genannt, ein keilförmiger Einschnitt der Küstenlinie, der direkt dem Ansturm der Atlantikwellen ausgesetzt ist. Allmählich laufen die Wassermassen gegen das Küsteninnere aus, dessen Bodengrund tief ausgewaschen ist. Am Ende der Bucht kräuselt das Wasser nur mehr sanft, und man kann weit in das klare Wasser blicken. Eine Landschaft der Gegensätze, die sturmumtosten Klippen mit ihrem Höllendonner und die stillen, sandigen Buchten, die zum Picknick einladen.

Bei der Durchquerung von Grande Terre von Osten nach Westen führt die Straße zwischen ausgedehnten Zuckerrohrfeldern vorbei an zweirädrigen Ochsenkarren, den Ruinen alter Zuckermühlen und den rauchenden Schloten der Zuckerfabriken, in deren Umgebung der Gestank der Zuckermaische die Riechorgane belästigt. Der größte Ort an der Westküste, Port Louis, ebenfalls ein Fischereizentrum, besitzt einen der schönsten goldgelben Sandstrände von Guadeloupe. An der Anse de Souffler („Bucht des Säuselns“) befindet sich einer der merkwürdigsten Friedhöfe: Die langgestreckten Grabhügel aus aufgeschichtetem Sand werden mit Blechstreifen oder Schalen der Queens Conch („Königin-Schnecke“,

Strombus gigas) eingesäumt, um das Verwehen des Sandes zu verhindern. Auf einfachen Holzkreuzen liest man die Namen der Verstorbenen, und Plastikblumen sind meist der einzige Schmuck. Die Landschaft im Inneren von Grande Terre, eine flache bis hügelige Kalkformation, besitzt kaum bewaldete Regionen. Vereinzelt stehen Bestände des *Phyllanthus* oder Pomme Surelles („Sauerampfer-Apfel"), eines Wolfsmilchgewächses, dessen kirschenartige Früchte gegessen oder zu Sirup verarbeitet werden. Der *Tabebuia*-Baum aus der Familie der *Bignoniaceen* ist besonders typisch für die Trockenzone und bildet an der exponierten Küste eine vom Meer abgewandt liegende Windform, vergesellschaftet mit dem Ecorge Rouge (*Bursera simaruba*). In den Einsenkungen haben sich sumpfige Wiesen gebildet, unterbrochen von kleinen Bachläufen, die zeitweise austrocknen.

Unter den Wassertieren, die hier leben, fallen die Riesen-Wasserwanzen der Gattung *Belostoma* auf. Ihr breiter, abgeflachter Körper erreicht eine Länge von 10 Zentimetern. Als Schnabelkerfe besitzen sie einen Stechapparat mit Saug- und Stechborsten. Mit Hilfe einer eigenartigen Saug- und Druckpumpe, der „Wanzenspritze", vermögen sie Speichelflüssigkeit in die Wunde des Beutetieres einfließen zu lassen. Als Räuber überwältigen sie Würmer, Wasserinsekten, ja sogar Kaulquappen und Jungfische. Selbst für den Menschen ist der Stich sehr schmerzhaft. Die Weibchen legen ihre befruchteten Eier auf den Rücken der Männchen, die sie bis zum Schlüpfen der Jungwanzen mit sich herumschleppen. Beim Austrocknen des Wohngewässers können die Riesenwanzen wegfliegen und einen anderen wassergefüllten Lebensraum aufsuchen.

Auch die Apfelschnecken (*Ampullarius glaucus*), die am Schlammgrund kriechen, Algen und organisches, verfaulendes Pflanzenmaterial mit ihrer Raspelzunge aufnehmen, sind gegen das Austrocknen gefeit. Sie gehören zwar zu den kiemenatmenden Wasserschnecken, ihre Atemhöhle ist jedoch zweigeteilt, und neben der Kieme können sie auch mit einer Lunge atmen. Mit einem langen Atemrohr, dem Sipho, können sie nicht nur Wasser, sondern auch – über der Wasseroberfläche – Luft der Atemhöhle zuführen. Fällt der Bachlauf oder Tümpel trocken, so vermögen sie sich in den feuchten Bodengrund einzugraben und verschließen ihre Gehäuseöffnung mit einem Deckel. In einem „Trockenschlaf" überdauern sie die Trockenperiode bis zum nächsten Regenguß, der die Vertiefung wieder mit Wasser füllt. Befindet sich ein größerer Tümpel in der Nähe, können sie sogar über Land kriechen und atmosphärischen Sauerstoff atmen, bis sie ihren neuen Wasser-Lebensraum erreichen.

Süßwasser-Lungenschnecken sind durch mehrere Arten der Posthorn- oder Tellerschnecken vertreten. Die große Antillen-Tellerschnecke (*Biomphalaria glabrata*) ist der Zwischenwirt eines Parasiten, des Bilharzia- oder Pärchenegels (*Schistosoma mansoni*) aus der Gruppe der Saugwürmer. Die Bilharzien, Erreger der Bilharziose, sind kleine, nur etwa 20 Millimeter lange Blutschmarotzer des Menschen. Sie haben zwei kleine Saugnäpfe und sind getrenntgeschlechtlich. Das Männchen umfaßt bei der Kopulation mit den Seitenteilen seines abgeflachten Köpers das dünne, schlanke Weibchen. Sie leben geschlechtsreif im Venensystem des Menschen, insbesondere in den Verzweigungen der Pfortader, wo sie bis 18 Jahre alt werden können. Die zahlreichen stacheligen Eier der Weibchen gelangen in die Unterleibsvenen, wo sie Entzündungen und Tumore hervorrufen. Schließlich brechen die Eier in den Hohlraum der Blase durch und gelangen mit dem Harn ins Freie. Erreichen sie dabei einen Wasser-Lebensraum (Flußufer, Tümpel, Dorfkanäle und ähnliches), so entschlüpfen der Eihülle mikroskopisch kleine, bewimperte Larven (Miracidien), die sich in den Weichkörper der Antillen-Tellerschnecke einbohren (andere Arten von Wasserschnecken werden nicht befallen!). Sie wandern in die Mitteldarmdürse der Schnecke ein, in der die Verdauung der Schneckennahrung stattfindet. Durch Aufnahme der gelösten Nahrungsstoffe der Schnecke über die Körperoberfläche der Larve wachsen sie zu Sporensäckchen heran, in denen durch ungeschlechtliche Vermehrung zahlreiche geschwänzte Larven (Zerkarien) heranwachsen. Diese verlassen ihren Zwischenwirt und gelangen ins freie Wasser. Treffen sie dabei auf einen darin watenden Menschen, so bohren sie sich in dessen Haut. Sie können aber auch über das Trinkwasser in den Körper gelangen. In beiden Fällen wandern die Infektionslarven in die Blutgefäße und lassen sich mit dem Blutstrom in die Venen einschwemmen, wo sie zu den geschlechtsreifen Würmern heranwachsen und die schwere Erkrankung des Befallenen hervorrufen. Bei rechtzeitiger Diagnose des Parasitenbefalles kann man die Krankheit mit spezifischen Medikamenten behandeln und heilen. Auf Guadeloupe sind zahlreiche Einheimische, allerdings meist lokal, von Bilharziose befallen. Man soll daher vermeiden, in Stillwässern, in denen die Tellerschnecke vorkommt, zu baden oder diese zu durchwaten.

Das französische Forschungsinstitut INRA beschäftigt sich mit der Bekämpfung der Bilharziose hauptsächlich durch biologische Eingriffe. So wurde eine tropische Kiemenschnecke, die in den Ländern des Indopazifik weit verbreitet ist und sich sehr rasch vermehrt, eingeführt und in den Lebensräumen der

Tellerschnecken ausgesetzt. Dadurch wird die Turmschnecke (*Melanoides tuberculata*) zum Nahrungskonkurrenten der Tellerschnecke und verdrängt diese allmählich. Die Turmschnecke wird nicht von den Larven des Pärchenegels befallen. So hofft man durch die Eliminierung der Zwischenwirt-Schnecke auch die Bilharziose zurückdrängen zu können. Eine Schwierigkeit liegt allerdings darin, das Ratten als „Ersatzwirte“ von den Parasiten befallen werden können und eine gewisse „Reserve“ darstellen.

Die Wasserstraße des brackigen Rivière Salée („Salziger Fluß“), ein enger Meeresarm, trennt die Insel Grande Terre von der Insel Basse Terre. Über eine Brücke (Pont de la Gabare) führt die Autostraße von Pointe-à-Pitre nach Petit Bourg, einem kleinen Städtchen mit Holzhäusern und Wellblechdächern. Nicht weit entfernt liegt St. Marie de Capesterre, wo eine Marmorbüste des Columbus, auf einer Säule postiert, ins Landesinnere blickt. Sie erinnert an die Landung des Entdeckers am 14. November 1493. Er benannte diesen Platz zu Ehren der Heiligen Jungfrau Maria, eine Bezeichnung, die auch heute noch für den kleinen Ort verwendet wird. In der Nähe des Dorfes Prise d'eau dehnt sich auf der Domaine Duclos das weite Versuchsgelände des Institut Nationale Recherches Agronomiques (INRA) aus, auf dem sich auch die Institutsgebäude mit Büros, Labors, Glashäusern, Aquarien und einer umfangreichen Fachbibliothek befinden. Auf den Versuchsfeldern werden die verschiedensten subtropischen und tropischen Nutzpflanzen gezüchtet, neue Kreuzungen getestet und unter den unterschiedlichsten ökologischen Bedingungen gehalten. Es gibt auch Musterpflanzungen für Gemüse, Früchte, Bäume, Sträucher und einer Vielzahl bunter Blumen der Insel. Das Laboratoire d'Hydrobiologie („Forschungslabor für

Gewässerkunde") war das Hauptquartier für die Untersuchung unserer Aufsammlungen in den Urwaldgewässern, aber auch das Foto- und Film-„Atelier" für die Dokumentation der gefundenen Wassertier-Arten.

Die Insel Basse Terre fällt von den Vulkankegeln im Westen (Le Dos d'Ane = „Eselsrücken", 611 Meter, Les Mamelles = „Brüste", auch „Zwillinge" genannt, 768 Meter, Morne Moustique = „Stechmückenberg", 1120 Meter und La Soufrière = die „Schwefelgrube", 1467 Meter) terrassenartig gegen die flache Ostküste ab. Mit Ausnahme des halbaktiven Soufrière sind alle andere Vulkane erloschen. Vom Atlantik streichen die Winde des Nordostpassats mit hoher Luftfeuchtigkeit angereichert gegen die Ostabhänge, und die jährliche Niederschlagsmenge steigt von der Küste mit 2 Metern auf bis zu 8 Meter (!) in der Regenwaldregion der Gipfel. Im Westen fallen die Berge mit Steilhängen gegen die schmalen Küstenstreifen ab. Da der Großteil der vom Atlantik kommenden Wolken bereits an den Ostflanken ihre Feuchtigkeit abgibt, gelangt nur wenig Regen an die westlichen Bergabhänge, und bei kaum 0,5 Meter Niederschlag pro Jahr breitet sich hier eine charakteristische Trockenvegetation aus.

Doch zurück zur feuchten Ostküste. Die starken Niederschläge beschleunigen die Verwitterung des vulkanischen Gesteins zu fruchtbaren, mineralstoffreichen Böden für die landwirtschaftliche Nutzung. Eine gute Küstenstraße führt als „Allée Dumanoir" über Capesterre-Belle-Eau bis Trois Rivières an der Südostspitze der Insel. Als Alleebäume stehen zu beiden Seiten hundertjährige Königspalmen (*Roystonea* [= *Oreodoxa*] *regia*). Der wissenschaftliche Name erinnert an den General Roy Stone (1836–1905), das Synonym *Oreodoxa* ist aus dem Griechischen „oreo“ („Berg“) und „doxa“ („Ruhm“) abgeleitet, daher wird die Palme im Englischen auch „Mountain glory“ genannt. Der glatte, zementgraue Säulenschaft erreicht eine Höhe von 25 Metern und wird an der Spitze von mächtigen Fiederblättern gekrönt, die bis 8 Meter Länge erreichen. Die geschmeidige, weiche Blattbasis kann zum Umkleiden von Feldhütten und als Verpackungsmaterial verwendet werden, während die Blattspreiten zum Decken von Dächern dienen. Der Blütenstand enthält zahlreiche weißgelbe Blüten. Die blauschwarzen Früchte sind reich an Ölen und Stärke und werden häufig für die Schweinemast geerntet.

Gegen die Küstenebene zu dehnen sich Zuckerrohrfelder aus, während auf den Terrassen der angrenzenden Hügel Bananenkulturen angelegt sind. Die Obstbanane, Adams- oder Paradiesfeige (*Musa sapientium*), ist die wichtigste Export-Tropenfrucht der Westindischen Inseln. Sie stammt von zwei Wildarten aus dem Indomalayischen Gebiet ab. Durch vielfache Kreuzungen entstand ein breites Spektrum von Sorten, die in den Tropen ganzjährig Früchte liefern. Schon in vorgeschichtlicher Zeit gelangte die Obstbanane nach Indien und Ostafrika. Portugiesische Seefahrer brachten sie auf die Kanarischen Inseln, 1516 gelangte die Pflanze nach Westindien (Santo Domingo) und schließlich nach Südamerika. Sie wurde sowohl von den Indios als auch von den europäischen Siedlern schnell verbreitet. Die Bananenpflanze ist eine „baumartige“ Staude, die eine Höhe von 5–10 Meter erreichen kann. Aus einem knolligen, unter der Erde liegenden Wurzelstock entspringen die bis 10 Meter langen, breiten Blätter. Die Blattspreiten reißen bei stärkerem Wind leicht ein, wodurch sich die Angriffsfläche für Tropenregen und Sturmböen vermindert. In der Mitte des Blattschopfes bildet sich eine Knospe, die zum bogig überhängenden Fruchtstand heranwächst. In dichter Folge stehen zahlreiche bläulich-braunrote Tragblätter, von denen nur die untersten weibliche Blüten entwickeln, welche sich ohne Befruchtung zu Früchten entwickeln. In der Regel produziert eine Pflanze 80 bis über 200 Einzelbananen.

In den Plantagen werden heute die Blüten und Fruchtstände mit einem durchsichtigen Plastiksack überzogen, um sie gegen pflanzliche und tierische Schädlinge zu schützen. Nach der Ernte liegen die abgenommenen, zerrissenen Plastikhüllen in großen Haufen bei den Plantagen, werden teilweise von den Stürmen verweht, und stellen, da sie nicht verrottbar sind, ein großes Umweltproblem dar!

Durch die einmalige Fruchtbildung ist die Bananenstaude erschöpft, der oberirdische Teil stirbt ab. Aber bereits vor Beginn der Blühreife hat der oberirdische Wurzelstock vegetative, also ungeschlechtlich entstandene Seitensprosse gebildet. Haben sie ein Alter von 4–7 Monaten erreicht, trennt man sie von der Mutterpflanze und pflanzt sie neu ein. Sie bekommen sehr rasch eigene Wurzeln und bilden neue Tochterpflanzen. Pro Hektar werden auf Guadeloupe über 500 Tonnen Bananen im Jahr geerntet. Für den Export pflückt man unreife Früchte mit grünen Schalen und transportiert sie in Kühlschiffen, um sie erst im Bestimmungsland bei Temperaturen um 25 Grad Celsius zur Vollreife zu bringen.

Bei der Reifung kommt es zur Verzuckerung der Fruchtstärke; unter den Aromastoffen erzeugt vor allem die Isovaleriansäure den charakteristischen Geruch. Das Fruchtfleisch enthält neben 75 Prozent Wasser noch 23 Prozent Kohlehydrate, aber nur 1,2 Prozent Eiweiß und 0,2 Prozent Fett; daneben Kalzium, Phosphor, Eisen und Vitamine.

Neben den dickhäutigen Exportbananen finden sich in den Gärten der Kreolen und auf den lokalen Märkten die wohlschmeckenden Zwergbananen, die aber wegen ihrer dünnen Schale zum Transport ungeeignet sind. Im Supermarkt „Prisunic" fielen uns beim Einkauf in den ersten Tagen unseres Aufenthaltes große, grünliche Bananen auf. Sie ließen sich nur schwer schälen, und nach dem ersten Biß war die Enttäuschung groß, denn der Geschmack der rohen Bananen war abscheulich! Unsere kreolische Haushilfe klärte uns aber dahingehend auf, daß es sich um Platanos, die Früchte der Mehlplatane (*Musa paradisiacea*) handelte. Da sich bei dieser Art beim Reifungsprozeß die Fruchtstärke nicht in Zucker umwandelt, werden die Platanos ausschließlich gekocht, geröstet oder gebraten gegessen. Besonders köstlich schmecken sie als Nachspeise mit Rum flambiert!

Eine weitere, heute weltweit bekannte Frucht Westindiens ist die aus den Tropengebieten Brasiliens stammende Ananas, englisch „Pineapple" (*Ananas sativus*). Die Indios haben sie bereits lange vor der Ankunft der Europäer kultiviert. Als erster Europäer bekam Columbus nach seiner Landung auf Guadeloupe von den Kariben Ananasfrüchte überreicht. Auch die späteren Entdeckungsreisenden berichteten vom unvergleichlichen Aroma dieser Frucht. Die erste Abbildung fertigte Oviedo 1513 in einem Brief an König Ferdinand von Spanien an. Bald gelangten Ananaspflanzen in die Tropen der Alten Welt (1548: Madagaskar, 1583: Indien und Sri Lanka). Heute wird die Ananas in allen Tropengebieten der Erde kultiviert.

Der Melonenbaum (*Carica papaya*), dessen Früchte unter den Namen Papaya und Pawpaw bekannt sind, wurde von den Indios der vorkolumbianischen Zeit aus wilden Stammformen gezüchtet, die aus den heißen Küstengebieten Südamerikas stammen. Das baumartige Gewächs ist ein hochstämmiges Kraut, das bis zu 5 Meter Höhe erreichen kann. Die Spanier brachten die Pflanze von Panama auf die Karibischen Inseln, und bereits am Ende des 18. Jahrhunderts gelangte sie nach Afrika und Asien. Als „Kulturfolger" wird die Papaya-Frucht heute weltweit in den Tropen geerntet und neuerdings auf den europäischen Märkten angeboten. Die länglichen, grünlichgelben, melonenartigen Beerenfrüchte (mit echten Melonen sind sie botanisch nicht verwandt!) hängen vom Blattschopf, ähnlich wie Kokosnüsse, herab. Das fleischige Fruchtmark ist von butterartiger Konsistenz und umschließt an der Innenseite zahlreiche schwarze Samen. Neben mehreren Vitaminen enthält die Frucht vor allem ein eiweißspaltendes Ferment, das Papain, welches für die Verdauung sehr förderlich ist. Es findet sich auch im Milchsaft des Stammes und wird sowohl für pharmazeutische Zwecke als auch als „Weichmacher" für zähes Fleisch verwendet. In der Textilindustrie verhindert man mit dem Papain das Schrumpfen von Wolle und Seide.

Ein weiterer wichtiger Fruchtlieferant ist der Guavenbaum (*Psidium guajava*), Vertreter einer Gattung, die von Süd- und Mittelamerika bis auf die Westindischen Inseln verbreitet ist. Der etwa 10 Meter hohe, knorrige Baum besitzt eine gelbe Borke, die sich in Schuppen ablöst. Die gelben Früchte ähneln kleinen Birnen und enthalten ein saftiges, gelbrötliches Fruchtfleisch, das reich an Vitaminen ist. Die Kreolen essen sie nicht nur roh, sondern verkochen sie auch zu Gelee oder setzen sie im Rumtopf an.

Als Gemüse und Mehllieferant verwendet man die Früchte des mächtigen Brotfruchtbaumes (*Artocarpus communis*) mit seinen großen, glänzenden und tief gelappten Blättern. Er stammt von den Südseeinseln, wo bereits James Cook auf Tahiti die Früchte als Nahrung der Polynesier kennenlernte. Der englische Kapitän Bligh ließ 1789 in Tahiti tausend junge Bäume für den Export verladen. Auf der Weiterreise kam es zur berühmt gewordenen „Meuterei auf der Bounty". Nach seiner Rettung startete Bligh einen zweiten Exportversuch der jungen Bäume und brachte sie nach Westindien. Hier waren die Früchte als billiges Nahrungsmittel für die Negersklaven gedacht. Allerdings bevorzugten diese die ihnen vertrauten Bananen, und es dauerte einige Zeit, bis sich die Pflanzung des Baumes auf den Inseln durchsetzte. Der kugelige, warzig gefelderte Fruchtstand erreicht einen Durchmesser von 20–30 Zentimetern und wiegt bis zu 2 Kilogramm. Das Fruchtfleisch enthält etwa 22 Prozent Stärke und 1–2 Prozent Eiweiß. Es wird entweder zu Mus verkocht oder – geröstet – zu Mehl verarbeitet, mit dem man eine Art Brot backen kann. Die Samen werden ebenfalls geröstet genossen, der Rindenbast liefert Flechtmaterial, und das Holz ist für den Bootsbau geeignet.

Eine nah verwandte Art ist der Jackfruchtbaum (*Artocarpus heterophylla*); er stammt aus dem Südwesten Indiens und von Sri Lanka. Die Portugiesen brachten den Baum im 16. Jahrhundert auf die Karibischen Inseln. Seine Blätter sind eiförmig und ganzrandig, die Fruchtstände entsprießen direkt dem Stamm. Sie können bei einem Durchmesser von 30 Zentimetern und einer Länge von 80 Zentimetern ein Gewicht von 50 Kilogramm erreichen. Die Kreolen essen das Fruchtfleisch zwar auch roh, häufiger aber gekocht als Gemüse; auch die Samen werden in geröstetem Zustand gerne gegessen. Das Holz des Baumes gilt als termitensicher und wird für Möbel sowie für den Haus- und Schiffsbau verwendet.

Der Akeebaum (*Blighia sapida*) erhielt seinen wissenschaftlichen Gattungsnamen zu Ehren des vorher schon erwähnten Kapitän Bligh, der ihn 1778 aus Westafrika nach Westindien brachte. Seine Früchte waren ebenfalls als billige Nahrung für die schwarzen Plantagenarbeiter gedacht. In der dreifurchigen, faustgroßen und rötlichen Fruchtkapsel liegt ein ovaler Same, umgeben von einem fleischigen Samenmantel, der einen nußartigen Geschmack hat. Zu Salzfisch, gebraten oder gebacken, ergibt er ein beliebtes Gericht der Kreolen.

Zu den begehrtesten Früchten zählen auf den Antillen die Arten der Zimt- oder Gewürzäpfel wie der Westindische Rahmapfel oder Süßsack (*Annona squamosa*), englisch „Custard-apple" genannt. Die apfelgroße, grünliche Frucht besitzt eine schuppige Oberfläche, und der Geschmack des sahnigen Fruchtfleisches erinnert an Zimt und Birne.

Die beerenartige Frucht des in Westindien heimischen Genipabaumes (*Genipa americana*) wird von den Kreolen als „Marmeladedose" bezeichnet, da die Samen in einem geleeartigen Fruchtmark eingebettet liegen.

Sehr beliebt sind auch die eßbaren Früchte der Passionsblumen wie die Melonen-Grenadille (*Passiflora quadrangularis*). Die Frischfrucht mit der glatten, gelbgrünen Schale eignet sich besonders zum Rohgenuß. Die violette Blüte dieser Rankenpflanze wird, in frommer Deutung, mit den Leidenswerkzeugen Christi verglichen.

Die auch auf unseren Märkten angebotenen Früchte des bis zu 20 Meter hohen Avocadobaumes (*Persea americana*) schätzten bereits die Azteken; sie nannten sie „Ahuacatl". Die Spanier, die den Baum nach Westindien brachten, verballhornten das Wort zu „Aguacate", aus dem im Lauf der Zeit „Avocato",

„Avocado", ja sogar „Advokaten-" und „Alligatorbirne" wurde! Als „Butterfrucht" wird ihr fettiges Fleisch sowohl süß als auch pikant zu den scharfen kreolischen Speisen serviert.

Die Schärfe verdanken diese Speisen der reichlichen Zugabe von Chilipulver, gemahlen aus den getrockneten Fruchthüllen der Chilischote (*Capsicum annuum*). Die Urheimat dieser Gattung erstreckt sich vom tropischen Süd- und Mittelamerika bis zu den Karibischen Inseln, wo verschiedene Sorten schon in vorkolumbianischer Zeit von den Indios kultiviert wurden. Die Spanier brachten die Samen nach Europa, die Portugiesen nach Indien und Sri Lanka. Bei den Züchtungen des Gemüsepaprikas ist die Fruchtwand dick und fleischig, bei den scharfen Chilisorten dagegen papierdünn. Letztere enthalten neben verschiedenen Vitaminen und Farbstoffen vor allem das scharf schmeckende Alkaloid Capsaicin. Es kann von der menschlichen Zunge noch in einer Verdünnung von 1:2 000 000 (!) wahrgenommen werden. Chilipulver ist ein wichtiger Bestandteil des Curry-Mischgewürzes, dem zusätzlich Tamarinde, Ingwer, gemahlene Muraya-Blätter, Muskat, Senfkörner, Zimt und gelbe Safranwurz beigemischt werden.

Eine weitere Kulturpflanze, von den indianischen Ureinwohnern aus Wildformen gezüchtet, ist die Okimo oder Tannia (*Xanthosoma sagittifolium*). Die 2 Kilogramm schweren Wurzelstöcke sind außerordentlich stärkereich, enthalten aber Kalziumoxalat-Nadeln, die beim Verzehr sehr lästig sind. Während der Kolonialzeit zwang man die Sklaven, diese Wurzeln zu kauen – die Folge waren Wunden und Schwellungen der Mundschleimhaut und der Zunge.

Dagegen ist – neben der Banane – auch heute noch die Wurzel der Maniok-, Mandioka- oder Kassavapflanze (*Manihot esculenta*) die wichtigste Nutzpflanze der kreolischen Farmer. Bereits um 3000 bis 2500 v. Chr. wurde Maniok von den Indianern des nördlichen Südamerika als Grundlage ihrer Nahrung angebaut. Die Arawaks brachten sie bei ihrer Einwanderung auf die Antilleninseln mit. Es gelang ihnen auch, die Blausäure in der Hülle der stärkereichen Wurzeln durch Entwicklung besonderer Zubereitungsmethoden zu entgiften. Sie werden heute noch von den Kreolen angewendet: Die Knollen werden gewässert, geschält, dann gekocht, gedämpft oder geröstet. Die klumpige Stärke ist als Brei bereits genießbar, wird aber meist nach einer Trocknung zu feinem Mehl vermahlen, das als Tapioka für die Herstellung von Brotfladen und Kuchen verwendet wird. Im 16. Jahrhundert brachten die Portugiesen Maniokpflanzen nach Westafrika, 1786 wurde die Pflanze in Sri Lanka und Südindien und 1835 in Indonesien eingeführt. Auch der Kakaobaum (*Theobroma cacao*) hat seine Heimat in den Urwäldern des nördlichen Südamerika. Der wissenschaftliche Gattungsname *Theobroma* bedeutet „Götterspeise", der Artname *cacao* leitet sich vom Indianerwort „cachoatl" ab. Columbus brachte die Früchte von seiner vierten Reise zum ersten Mal nach Europa. Auf Guadeloupe pflanzen die Kreolen den bis 12 Meter hohen Baum in kleinen Plantagen. Die 35 Zentimeter lange, orangebraune Frucht entwickelt sich direkt am Stamm und schließt 25 bis 50 Samen (Kakaobohnen) ein. Sie sind reich an Fett und enthalten, unter anderem, neben etwas Koffein das Alkaloid Theobromum. Durch komplizierte Aufbereitungsprozesse entsteht Kakaobutter, und aus dem Preßrückstand des Kuchens wird das Kakaopulver gemahlen.

Bei unserem Rundgang durch die Plantagenzone der Ostküste fallen uns die merkwürdigen Blüten und Früchte des Kanonenbaumes (*Couroupita guayanensis*) auf, dessen Urheimat sich von Südamerika bis zu den Antillen erstreckt. Die zahlreichen stark duftenden Blüten hängen in bis zu 1 Meter langen Trauben herab. Im geöffneten Zustand ist die Blüte aus sechs Blättern zusammengesetzt; sie umhüllen zahlreiche, zu einem helmförmig einwärts gekrümmten Gebilde verwachsene Staubblätter. Die kugelförmigen Früchte erreichen mehr als 20 Zentimeter im Durchmesser und enthalten ein übelriechendes Fruchtmus von säuerlichem Geschmack.

Viele der Plantagen im Hügelland werden von indischen Bauern bearbeitet. Nach der Sklavenbefreiung wurden um 1850, wegen des Mangels an Plantagenarbeitern, indische Bauern von der Malabarküste in Südwestindien angeworben. Obwohl sie in ihren Kontrakten das Recht verbrieft hatten, nach einer gewissen Zeit wieder heimkehren zu können, blieben die meisten der „Malabars“ in ihrer neuen Heimat und gründeten eigene Dörfer. Auf Guadeloupe leben heute mehr als 10 000 Inder in einigen Zentren von Basse Terre wie Matouba, Capesterre oder Zevala. Sie sind zum Großteil Hindus und heiraten in der Regel nur innerhalb ihrer Glaubensgemeinschaft; Mischehen mit Kreolen kommen kaum vor. Bei ihren Dörfern stehen die „Gopurams“ (mehrstöckige Tempeltore mit Götterfiguren) ihrer Tempel, die den Göttern Vischnu oder Schiwa geweiht sind. Zu den Festtagen ihrer Götter opfern sie Schafe und Ziegen. Bei den heiligen Zeremonien vor dem „linguam“ (Phallus-Symbol der Fruchtbarkeit) fallen oft einige der Brahmanen (Priesterkaste) in Trance und stehen barfuß und singend auf der scharfen Klinge eines Schwertes ...

Über Capesterre, St. Savaeur und Trois Rivière passiert die Küstenstraße die Ruinen des Steinturmes einer ehemaligen Zuckermühle aus dem 17. Jahrhundert. Sie wurde vom unverwüstlichen Kriegerpriester, Forscher und Chronisten Pater Laban errichtet.

Das nahegelegene Fort St. Charles überragt die Bucht von Basse Terre, der Hauptstadt von Guadeloupe. Die kleine Ansiedlung, gleichen Namens wie die Insel, gründete 1643 Charles Houeil du Petit, nachdem er die Doppelinsel gekauft hatte. Basse Terre mit seinen 20 000 Einwohnern hat, im Vergleich mit dem größeren und hektischen Pointe-à-Pitre, eher den Charakter einer behäbigen, kleinen Provinzstadt. Trotzdem befindet sich hier das Verwaltungszentrum des Départements Guadeloupe mit der Präfektur und dem Generalrat. Präfekt (Landeshauptmann) und Département-Regierung werden durch freie Wahlen bestimmt.

Von der Hafenstadt Basse Terre führt eine Paßstraße landeinwärts nach St. Claude, dem Ausgangspunkt zur Besteigung der höchsten Erhebung von Guadeloupe, dem derzeit 1 467 Meter hohen halbaktiven Vulkan La Soufrière („Schwefelgrube“). 1696 schrieb der Chronist Pater Laban: „Dieser Berg ist vollkommen hohl, wie eine gewaltige Grotte, die mit Schwefel und Feuer gefüllt ist, das sich langsam selbst verzehrt. Schließlich bewirkt die ständige Aushöhlung das Öffnen neuer Eingänge und Spalten ...“ Diese Beschreibung besitzt auch heute noch Gültigkeit.

Zur leichteren Besteigung wurde vor Jahrzehnten eine schmale Straße bis zum unteren Rand der Krater angelegt. Die letzten Ausbrüche fanden 1956 und 1976 statt. Da man 1976 einen explosionsartigen Ausbruch, ähnlich wie im Mai 1902 beim Vulkan Pélée auf Martinique, befürchtete, evakuierte man die Bevölkerung des südlichen Teils von Basse Terre.

Gewaltige schwefelgelbe Wolken von Gasen, Asche und Staub verdunkelten den Himmel, verteilten sich über einige Kilometer und bedeckten das Dörfchen St. Claude. Die Kraterränder zerbrachen unter dem gewaltigen Druck der austretenden Schwefeldämpfe und der glühenden Lava. Ein breiter Lavastrom ergoß sich über den Südhang und zerstörte den Parkplatz und den obersten Abschnitt der Straße. Verkohlte Baumstämme ragen seit dem Erkalten der Lava gespenstisch in den meist nebelverhangenen Himmel. Doch dazwischen sprießt und grünt es, und seit wenigen Jahren wuchert wieder eine Pioniervegetation zwischen und über dem Lavagrus und den Blöcken. Je höher man mühsam und keuchend zwischen verkohltem Unterholz, Farnen und Lavagesteinen emporsteigt, umso kärglicher wird die Vegetation. Schließlich erreicht man die Bains Jaunes („Gelbe Bäder"), natürliche Vertiefungen im Lavagestein. Aus Spalten sprudeln heiße Schwefelquellen, füllen die Wannen und fließen über deren Ränder als Warmbäche über die steilen Abhänge. Wenn man die Hände auf den Boden preßt, spürt man die Wärme, die aus dem Berginneren aufsteigt. Schwefelhältige Thermal- und Dampfquellen, grauschwarze Asche und Lavabrocken vermitteln den Eindruck einer „Mondlandschaft" und erklären den Namen des Berges: La Soufrière, die Schwefelgrube. Der Vulkan hat zwei Gipfel, den Nord- und den Südrand von zwei Eintiefungen, dem Napoleon- und dem Südkrater. Neigt man sich über die steil abfallenden Innenränder, erkennt man in der Tiefe die Kratereingänge. Gegen die Nord- und Ostflanken sind die Abhänge des Berges mit dichtem Regenwald überzogen, durchströmt von zahlreichen Sturzbächen, Wasserfällen und Bergflüssen. Für einige Wochen wurde diese tropische Naturlandschaft – heute ein geschützter

Nationalpark – zu unserem Forschungsgebiet. An klaren Tagen, meist am frühen Morgen, geht der Blick von den Gipfeln des Vulkans weit hinaus über den silbergrau schimmernden Atlantik, aus dem die kleinen Inseln aufleuchten, die Guadeloupe, und damit der Verwaltung des Départements, angegliedert sind.

250 Kilometer im Nordosten von Guadeloupe erhebt sich die Insel St. Martin (holländisch: „Sint Maarten") aus dem Atlantik. Columbus entdeckte das Eiland am 11. November 1493, dem Tag des Heiligen Martin. Obwohl ihre Fläche nur 73 Quadratkilometer beträgt, wird die Insel seit 1648, also seit 350 Jahren (!), von Frankreich (54 Quadratkilometer) und den Niederlanden (20 Quadratkilometer) gemeinsam verwaltet. Im 17. Jahrhundert beherrschte Spanien die Insel mit einer kleinen Garnison. Da die Verwaltung von St. Martin den Spaniern mehr Kosten als Nutzen brachte, warben sie Arbeitskräfte in Puerto Rico an, um die Festung und alle Häuser abzutragen. Unter den Arbeitern waren sowohl Franzosen als auch Holländer. Nach den verrichteten Demolierungsarbeiten ließ sich der Großteil der Arbeiter wieder von einem Schiff abholen. Nur vier Franzosen, unter dem Kommando eines gewissen Herrn M. Trichot, beschlossen, auf der Insel zu bleiben und sie in Besitz zu nehmen. Nach einigen Tagen stießen sie aber auf einige Holländer, welche ebenfalls auf die Rückkehr verzichtet hatten. Man einigte sich friedlich, die Insel zu teilen und verständigte die Gouverneure der nächstgelegenen Inseln. Die Holländer setzten sich mit Gouverneur Sen der Niederländischen Antillen auf der Insel St. Eustachius, und die Franzosen mit Hauptmann Poincy, dem Generalgouverneur der Französischen Antillen, in Verbindung. Letzterer sandte zur Grenzziehung 300

französische Soldaten unter dem Kommando seines Neffen, des Grafen von Longvilliers. Dieser Graf traf sich mit dem niederländischen Abgesandten, Martin Thomas, auf einem Hügel, heute bekannt unter dem Namen „Montagne des Accords" („Berg der Übereinkunft"). Am 23. März 1648 unterzeichneten sie den Teilungsvertrag, in dem die Grenzen der beiden Territorien festgelegt wurden. Hauptstadt des französischen Sektors ist Marigot, während das niederländische Siedlungsgebiet von Philipsburg aus verwaltet wird. Beide Orte sind Zollfreihäfen und werden oft von Yachten angesegelt. Die 7000 Einwohner setzen sich heute hauptsächlich aus dunkelhäutigen Nachkommen von eingewanderten freigelassenen Sklaven und Mischlingen zusammen. Neben Fischfang für die lokalen Bedürfnisse werden vor allem Langusten und Garnelen in die Touristikzentren von Guadeloupe, Martinique und den niederländischen Antillen exportiert.

200 Kilometer östlich von Guadeloupe liegt die 21 Quadratkilometer große Insel St. Barthélemy. Columbus, der sie 1493 entdeckte, benannte das Eiland nach dem Hl. Bartholomeus. 1659 kamen die ersten Einwanderer aus der Normandie - halb Piraten, halb Siedler - und begannen, die unwirtliche Insel zu roden. Während der unruhigen Zeiten der Französischen Revolution kaufte sie das neutrale Schweden von Frankreich, um es einige Jahrzehnte später, um 320000 Goldfrancs, zurückzugeben. Die Mehrzahl der 2700 Einwohner sind europäischer Abstammung, teils Nachkommen der Normandie-Franzosen, teils eingewanderte Schweden. Die Hauptstadt Gustavia wurde nach König Gustav IV. von Schweden benannt. Sie besitzt einen tiefgründigen Naturhafen, der von Yachtseglern gerne benutzt wird. Da Gustavia seit 1875 ein Freihafen ist,

bekommen die Geschäfte mit zollfreien Waren (Alkoholika, Zigaretten, Parfums usw.) viel Besuch von den betuchten Yachtbesitzern. Neben Handel und Fischfang betreiben die Inselbewohner auf dem trockenen, kärglichen Inselboden etwas Rinder-, Schaf- und Ziegenzucht.

Von der Südküste von Basse Terre sind die nur 15 Kilometer entfernten Îles des Saintes (von Columbus am 1. November 1493, zu Allerheiligen, entdeckt) am Horizont zu erkennen. Die Gesamtfläche der acht Inseln beträgt nur 14 Quadratkilometer. Neben der größten Insel, Terre de Haut (4 Kilometer lang, 1 Kilometer breit) mit dem Hauptort Bourg, sind nur drei weitere Inseln besiedelt: Terre de Bas (3 Kilometer lang, 2,5 Kilometer breit), Grand Ilet und Ilet à Cabrit. Die übrigen vier Inselchen sind nur kleine, aus dem Meer ragende Felsrücken.

Trotz ihrer Kleinheit besaßen die Inseln in der wechselvollen Geschichte der Kleinen Antillen eine bedeutende strategische Rolle. Hier fanden nicht nur 1653 die ersten Kämpfe zwischen europäischen Einwanderern und Kariben-Indianern statt, sondern es trug sich auch eine bedeutende Seeschlacht zwischen den Franzosen und Briten zu. Im Meereskanal zwischen den Inseln traf am 12. April 1782 eine Flotte von 36 britischen Kriegsschiffen mit über 3000 Bordkanonen unter dem Kommando von Admiral Rodney auf eine Armada von 34 französischen Schiffen mit 2250 Bordkanonen unter dem Kommando des Grafen de Grasse. Trotz der zahlenmäßigen Unterlegenheit attackierten die Franzosen die britische Flotte, welche im Gegenangriff mit ihren quantitativ und qualitativ überlegenen Bordgeschützen den Großteil der französischen Schiffe versenkte. Die Franzosen verloren 14000 Mann Landungstruppen während sich der Verlust der Engländer auf wenige

Schiffe und rund 100 Mann belief. Nach dieser Seeschlacht war die britische Seeherrschaft in der Karibik für fast 100 Jahre unbestritten.

Die Fischer in den Küstendörfern sind Nachkommen normannischer und bretonischer Seeleute. Manche unter ihnen „rühmen" sich ihrer Abstammung von Piraten. Teilweise hat sich die weiße Bevölkerung auch mit eingewanderten farbigen Siedlern vermischt; die Gesamtzahl erreicht 3200 Einwohner. Die kleinen Hügel im Inneren der Insel besitzen nur eine spärliche Trockenvegetation aus harten Gräsern, niederwüchsigen Dornbüschen und Kakteen. Das Fehlen eines Waldes begünstigt eine starke Erosion. Trotz der pflanzlichen Kargheit ist es der bevorzugte Lebensraum des Grünen Leguans (*Iguana iguana*), einer vorzeitlich anmutenden, aber harmlosen pflanzenfressenden Riesenechse. Sie lebt auch auf der 21 Quadratkilometer großen Insel La Désirade, östlich von Grande Terre. Trotz ihres attraktiven Namen (La Désirade: „Die Wünschenswerte") ist diese ein kahles, unwirtliches Eiland, etwa 11 Kilometer lang und nur 2 Kilometer breit, mit einem tischartigen Plateau, das sich 273 Meter über die Meeresoberfläche erhebt. Seit 1725 wurden auf Guadeloupe „unerwünschte Personen" und Leprakranke auf die einsame Insel deportiert. Die Schwestern der Kongregation der Nächstenliebe besuchten die Ausgestoßenen gelegentlich. Erst 1930 wurde eine Leprastation gebaut, die bis 1954 in Betrieb war. Da Lepra auf Guadeloupe kaum mehr auftritt, wurden die wenigen noch vorhandenen Leprösen in ein modernes Spital nahe Pointe-Noire gebracht. Die heutige Bevölkerung beträgt nur 1700 Menschen, meist weiße Einwanderer, die sich außerhalb des Lepradorfes ansiedelten. Sie leben vom Fischfang, vom Mais- und Baumwollanbau oder von der Schafzucht.

30 Kilometer südöstlich von Guadeloupe steigt die 158 Quadratkilometer große Insel Marie Galante aus dem Atlantik. Columbus benannte sie bei der Entdeckung nach seiner Karavelle „Maria Galanda“. 1648 begann die Besiedlung durch die Compagnie des Iles d'Amérique. Im 18. Jahrhundert folgten, wie auf den übrigen Antilleninseln auch, heftige Kämpfe zwischen Briten und Franzosen, und während der Französischen Revolution und später, 1849, bei der Sklavenbefreiung, kam es zu blutigen Bürgerkriegen. Obwohl die ursprünglichen Wälder von den Siedlern zum Großteil gerodet wurden, weist die Insel eine üppigere Vegetation auf, als die umliegenden Kleininseln. An einigen Küstenabschnitten dehnen sich in der Gezeitenzone Mangrove-Wälder aus, an die sich im Küstenland Kokos- und Bananenplantagen anschließen. Das hügelige Innere der Insel bedecken Zuckerrohrfelder, Baumwoll-, Tabak- und Indigoplantagen. Immer wieder trifft man auf Rinder, die auch als Zugtiere für die „cabrouets“, die zweiräderigen Karren, die man hauptsächlich zum Einbringen des Zuckerrohres verwendet, dienen. Die Zahl der Einwohner wird mit 16 000 Menschen angegeben.

Marie Galante ist wie Grande Terre ein gehobenes fossiles Kalkriff. An der Nordostflanke der Insel haben die mächtigen, anlaufenden Atlantikwellen die abfallenden Kalkfelsen zu pittoresken Kliffen ausgewaschen. Im Zentrum der Kalkstein-Insel findet sich die Trou de Diable („Teufelshöhle“), in welcher Kalksinter in Form von Stalaktiten von der Höhlendecke herabhängen ...

Auf einem Motorboot, das den Passagierverkehr zwischen den Inseln besorgt, schaukeln wir auf den Atlantikwellen über blaugrüne Korallenriffe nach Guadeloupe zurück.

LEBEN ZWISCHEN RIFF UND BERGURWALD

Im Jahr 1939, knapp vor dem Ausbruch des Zweiten Weltkrieges, unternahm der damals zwanzigjährige Wiener Hans Hass mit seinen Freunden Jörg Böhler und Alfred Wurzian eine Unterwasser-Expedition, die sie ins Karibische Meer bei den Inseln Curaçao und Bonaire führte. Es war die erste Erkundung tropischer Korallenriffe in der Karibik. Die Ergebnisse dieser Reise waren zahlreiche Unterwasserfoto- und -filmaufnahmen der riffbewohnenden Tiere. Die tropischen Korallenriffe setzen sich zum Großteil aus den Kalkabsonderungen der Polypen der Steinkorallen zusammen. Durch Wachstum zur Wasseroberfläche vergrößern sich die Tierstöcke immer mehr. Dieser Vorgang geht allerdings sehr langsam vor sich (jährlich zwischen 0,5 und 3 Zentimeter), und ein Riff von 50 Meter Dicke ist mindestens 1800 Jahre alt. Ein Saumriff, ein Typ der in der Karibik vorherrscht, liegt unmittelbar vor der Küste einer Insel. Vom Flugzeug aus ist es als hell- bis smaragdgrüner Streifen zu erkennen, dessen Außenseite durch ein weißes Band, die Gischt der heranrollenden Wellen, begrenzt wird. Kommt es zum Absinken des Meeresbodens durch tektonische Vorgänge in der Erdkruste, dann entfernt sich der weiter wachsende Riffkamm vom Küstensaum – es entsteht ein Barriereriff. Letzteres war und ist bei starkem Seegang wegen seiner Untiefen und scharfkantigen Oberflächen von der Seefahrt sehr gefürchtet. Zahlreiche Wracks vor den Küsten der Karibischen Inseln zeugen von dieser Gefährlichkeit.

Im Unterschied zu den statischen menschlichen Bauwerken verändert sich ein Korallenriff ständig. Bestimmte Organismen (Steinkorallen, Kalkalgen und andere kalkabsondernde Organismen) bauen es auf, andere tragen es laufend ab (Bohrschwämme, Bohrmuscheln). Das Ergebnis ist ein Labyrinth aus Höhlen, Grotten, Tunneln, Gängen und Brücken – Kleinlebensräume für eine Unzahl kleiner und kleinster Tierarten. Obwohl die Hauptaufgaben unserer Forschungen in zoologischen Untersuchungen und Aufsammlungen in den Fließgewässern der Regenurwälder der Vulkanberge von Guadeloupe, Dominica und Martinique bestanden, reizte es uns doch immer wieder, einen Abstecher zur Küste, zum Atlantik und zum Karibischen Meer zu machen. Unser Kameramann Franz Fehringer ist ein Tauchexperte, der viele Tauchgänge im Mittelmeer, auf den Malediven und in der Karibik durchgeführt hat, teils als Tauchlehrer, teils um Unterwasserfotos und -filme herzustellen. So folgte er gerne mit unserem Filmexperten, Dr. Walter Völlenkle, der Einladung unserer Kollegen vom französischen Forschungsinstitut INRA, die Riffe vor der Küste von Guadeloupe zu besuchen.

Mit einem Motorboot des Institutes geht es zu den nahegelegenen Saumriffen westlich und südwestlich von Grande Terre. Nach wenigen Minuten erreicht man vom Sandstrand einer Küstenbucht aus die innere Riffabdachung. Bei Flut liegen die obersten Korallenstöcke nur wenige Zentimeter unter der Oberfläche des glasklaren Wassers. Selbst wenn man nur mit einem Glasguckkasten oder mit der Taucherbrille durch die oberste Schicht des Wassers blickt, ist man von der ungeheuren Vielfalt der Formen und Farben überrascht.

Die wichtigsten Erbauer der Riffe sind winzige,

0,5–1,5 Zentimeter große, einfach gebaute Tiere: die Polypen der Steinkorallen (*Madreporaria*). In den Weltmeeren sind rezent etwa 2 500 Arten bekannt, fossil reicht ihr Vorkommen bis ins Erdaltertum (etwa vor 500–300 Millionen Jahren). Sie haben in Jahrmillionen ganze Gebirge und Inseln wie die Bahamas oder Grande Terre und andere Koralleninseln der Karibik aufgebaut. Die meisten Steinkorallen-Arten sind koloniebildend. Das Einzeltier, der Korallenpolyp, besteht aus einer breiten Fußscheibe und einem zylindrischen Körper. Die Innenfläche des Körpers ist durch 6 oder 12 Zwischenwände (Septen) aus Kalk, den die Basalfläche des Tieres absondert, unterteilt. Der Polyp sitzt daher auf einem scharfkantigen Septenstern. Der Kalk wird fortlaufend abgelagert, und in bestimmten Abständen werden neue Querböden gezogen. Dadurch verlängert sich der Kalksockel, und der lebende Polyp wird nach oben geschoben. Durch Knospung entstehen – ungeschlechtlich – Tochterpolypen, und die Kalkproduktion wird beschleunigt. Die Kalkbildung ist als chemische Reaktion temperaturabhängig, und die Temperatur des umgebenden Meerwassers darf 20 Grad Celsius nicht unterschreiten.

Ein weiterer Faktor ist die Lebensgemeinschaft (Symbiose) der Polypen mit einzelligen Grünalgen. Etwa eine Million Zellen pro Quadratzentimeter sind in den oberen Zellschichten des Polypen eingelagert. Zwischen den pflanzlichen und tierischen Zellen erfolgt ein Nährstoffaustausch: Der Polyp erhält Sauerstoff, Kohlehydrate und Aminosäuren, während die Algen Stoffwechselprodukte des Wirtes aufnehmen. Algen sind Pflanzen und können ihre Nährstoffproduktion durch Photosynthese bei Einwirkung des Sonnenlichtes durchführen. Daher finden sich Steinkorallen nur in den oberen, lichtdurchdrungenen

Wasserschichten. Bei der Photosynthese verbrauchen die Algen Kohlendioxyd (CO_2), das sie dem Wasser entnehmen. Es entsteht daher weniger Kohlensäure, aber es fällt mehr Kalk aus, als im Wasser gelöst ist. Dieser Kalk wird von den Polypen zur Skelettbildung verwendet! Der Korallenpolyp besitzt nach außen eine Mundscheibe mit einer zentralen, schlitzförmigen Mundöffnung, die von einem Kranz sehr beweglicher Fangarme umstellt wird. Auf diesen Tentakeln sitzen zahlreiche Nesselzellen, aus denen bei Berührung Nesselfäden mit giftigen Widerhaken ausgeschleudert werden. Sie „vernesseln" nicht nur etwaige Freßfeinde, sondern lähmen auch Beutetiere. Es sind dies kleine, im Wasser schwebende Planktonorganismen (z. B. Kleinkrebse und ähnliches), die durch die Wasserbewegung der Brandungswellen herbeigespült werden. Mit Hilfe der Fangarme wird die gelähmte Nahrung zur Mundöffnung gebracht und von hier in den sackartigen Magenraum befördert, wo die Verdauung erfolgt. Die unverdaulichen Nahrungsreste können durch den Mundspalt wieder ins freie Wasser gelangen. Zu gewissen Zeiten produzieren die Polypen weibliche und männliche Geschlechtszellen. Aus den befruchteten Eizellen entwickeln sich winzige, bewimperte Larven, die durch den Mundspalt ins freie Wasser gelangen. Nach kurzer Zeit setzen sie sich auf einem harten Untergrund fest und beginnen mit der Skelettbildung. Ein neuer Korallenstock entsteht ...

Beim Abschwimmen der Riffkante trifft man auf die baumartig verzweigten Hirschhornkorallen (*Acropora*-Arten) und Fingerkorallen (*Porites porites*), zwischen denen die, bis zu 3 Meter hohen, Säulenkorallen (*Dendrogyrus cylindricus*) aufragen. Knollige Gebilde finden sich bei der Faltenkoralle (*Manicina aerolata*), der Wabenkoralle (*Siderastrea*

astrea) und der Hirnkoralle (*Diploria labyrintiformis*). Letztere wird auch als „Neptunshirn" bezeichnet und erreicht einen Durchmesser von über 50 Zentimetern. Sie erinnert durch die Verzweigungen ihrer Polypen und ihrer Kalkscheidewände an die Windungen eines Gehirns.

An der Riffbildung sind aber auch andere festsitzende Organismen, wie die krustenartigen, meist intensiv rot gefärbten Kalkalgen (*Mesophyllum*) und verschiedene Schwammtiere (*Porifera*), beteiligt. Bei den Hornschwämmen wird das Skelett aus Sponginfasern gebildet und stützt das Gewebe dieser einfachsten Vielzeller. Im seichten Wasser trifft man auf die gelben Klumpen der *Aplysina*-Schwämme von denen kaminartige Erhöhungen abstehen, während *Tedania* durch seine karminrote Färbung auffällt. Zahlreiche kurze, fingerartige Kamine (Ausfuhrgänge) besitzt der hellgelbe Totenfinger (*Leucetta microraphis*). Alle Schwämme ernähren sich von Kleinstplankton (Bakterien, Einzeller), das im Meer schwebt. Durch Wimpernschlag wird ein Wassersog erzeugt, der mit den Mikroorganismen ins Innere des Schwammgewebes und über ein verzweigtes Kanalsystem in sogenannte Geißelkammern gelangt. Hier wird die eingesaugte Nahrung verdaut. Die unverdaulichen Nahrungsreste gelangen durch ausleitende Kanäle zu den großen Ausfuhröffnungen, die meist auf den kaminartigen Erhöhungen des Schwammkörpers liegen.

Von Schwämmen ernähren sich verschiedene Weichtiere, wie manche Sternschnecken aus der Gruppe der Meeresnacktschnecken. Die Zebraschnecke (*Hypselodoris zebra*) findet sich als „Nahrungsspezialist" nur auf Meeresschwämmen. Sie erreicht eine Länge von mehr als 10 Zentimetern. Die Ränder sind schwefelgelb gefärbt, am Rücken ist sie bräunlich, mit zahlreichen länglichen, schwarzen Streifen, welche von leuchtend blauen Punkten durchsetzt sind. Knapp vor dem Hinterende liegen, sternförmig angeordnet, die Kiemenbüschel. Mit Hilfe ihrer Raspelzunge vermag die Nacktschnecke Gewebestücke aus der Oberfläche des Schwammes zu reißen. Kalkskelette sondern auch die koloniebildenden Moostiere (*Bryozoa*) ab, um sich bei Gefahr in ihre festen Gehäuse zurückziehen zu können. Auch sie „strudeln" ihre Nahrung mit feinen, bewimperten Tentakeln aus dem vorbeiströmenden Brandungswasser.

Die festsitzenden Vielborstigen Ringelwürmer (entfernte Verwandte unseres Regenwurms!) bilden zwischen den Steinkorallen Kalkröhren als Gehäuse aus, und nur ihre Kopfregion mit mehreren feinen, gefiederten Fangarmen ragt aus der Röhre. Einige Arten wie *Megalomnia* können, wenn sie sich bei Gefahr in die schützende Hausröhre zurückgezogen haben, diese mit einem Kalkdeckel, einer Art „Haustor", verschließen. Nach einiger Zeit öffnen sie wieder vorsichtig den Deckel und entfalten, wie eine Blume ihre Blütenblätter, ihren bunt gefärbten Tentakelkranz, um wieder Kleinstorganismen als Nahrung zu fangen.

Wesentlich größere, schraubenzieherartig gewundene Kalkröhren bauen die Röhrenschnecken (*Vermicularia*-Arten). Als Jungschnecken kriechen sie noch mit ihrem kleinen, turmartig gewundenen Gehäuse am Riffboden. Bald setzen sie sich aber an einer geeigneten Stelle fest und „verkitten" ihre Gehäuse mit dem festen Untergrund. Die Schale wächst röhrenförmig in kleinen Windungen weiter. Die rötlichgelbe Schnecke, die jetzt „festsitzend" ist, ragt nur mit ihrem Kopf und dem rückgebildeten Fuß aus der Röhrenöffnung. Um zu ihrer Nahrung zu kommen, sondert die Schnecke feine, klebrige Schleimfäden ins umgebende Wasser ab. An diesem „Unterwasser-Fangnetz“ bleiben im Wasser schwebende Kleinorganismen kleben. Nach einiger Zeit zieht die Schnecke mit ihrer Raspelzunge das Fangnetz mit der Beute zu ihrer Mundöffnung, um die Nahrung aufzunehmen.

Neben den kalkabsondernden Organismen, die, wie die Steinkorallen, am Riffbau – wenn auch in geringerem Maße – beteiligt sind, finden sich in den Zwischenräumen zahlreiche festsitzende Tierarten, die den harten Kalk als Untergrund benützen. Dazu zählen zum Beispiel einige stockbildende Hydrozoen aus der Gruppe der Nesseltiere. Die oft als „Seemoos“ bezeichneten Polypenkolonien setzen sich aus vielen hundert Einzeltieren zusammen. Diese Tierstöcke bilden, wie *Eudendrium carneum* oder *Sertularia turbinata* in den westindischen Riffen, zierliche Fiederblättchen – kleine, symmetrisch gewachsene Zweige, Büsche und reich verästelte Bäumchen. Sie sitzen stets an gut umspülten Riffkanten, damit die Polypentiere mit ihren feinen, nesselbewehrten Fangarmen Kleinstorganismen aus dem vorbeiströmenden Wasser abfangen können.

Besonders zahlreich sind im Karibischen Meer die Arten der Gorgonien-Korallen. Sie sitzen meist an der Riffinnenkante und erreichen eine Höhe von 50 bis über 100 Zentimeter. Die Stammachse der meist bäumchen- bis fächerförmigen Kolonien besteht vorwiegend aus biegsamen Gorgoninfasern, welche eine relativ elastische Hornachse bilden, die sehr feine Verzweigungen zuläßt. Die Körpermasse der Polypen umschließt diese Hornachse vollkommen und ist mit Kalkteilchen durchsetzt. Die Wuchsform ist, wie z. B. bei den *Pseudoplexaura*- und *Eunicea*-Arten, bäumchenförmig, beim Venusfächer (*Gorgonia ventalina*) sind die Ästchen untereinander verbunden und bilden ein enges, flächiges Maschenwerk. Um möglichst viel Nahrung (Kleinstplankton) mit den Fangarmen der Polypen aus dem umgebenden Wasser herauszuholen, haben die Hornkorallen die Fähigkeit entwickelt, ihr Wachstum der herrschenden Strömung anzupassen: Verläuft diese von oben nach unten, dann wachsen die hier sitzenden Gorgonien horizontal, also genau quer zur senkrecht verlaufenden Strömung; nimmt die senkrechte Strömung ab und treten horizontale Strömungen auf, dann wachsen sie in die Richtung des stärkeren Wasserdruckes. Viele der karibischen Arten besitzen auch, ähnlich wie die Steinkorallen, symbiontische Algen (*Gymnodinum microadriaticum*), welche die Polypentiere zusätzlich mit Nährstoffen versorgen.

Fast immer beobachtet man auf den Gorgonien bunt gefärbte Schnecken aus der Familie der Kauri- oder Porzellanschnecken. Die Venusfächer-Kauri (*Cyphoma gibbosa*) findet sich, wie ihr deutscher Name sagt, ausschließlich auf der Venusfächer-Koralle, wo sie sich von den Polypentieren ernährt, die sie – trotz der Nesselzellen der Tiere – mit ihrer Raspelzunge aus dem Stock reißt. Ihre 3 Zentimeter lange, gelbliche Schale wird beim Kriechen vom Weichkörper bedeckt. Dieser trägt auf zitronengelbem Untergrund unregelmäßige, hellbraune Flecken, die violett umrandet sind. Die Fadennacktschnecken *Spurilla*, *Cretina* und *Favorinus* sind ebenso auffällig gefärbt und an ihren faden- bis fingerförmigen Rückenanhängen erkennbar. Sie sind ebenfalls „Spezialisten" und fressen vor allem die kleinen Polypen der koloniebildenden Hydrozoen, aber auch größere einzellebende Nesseltiere wie die Seeanemone (*Aiptasia pallida*) oder die blutrot gefärbten Seerosen-(*Actinia*-)Arten. Diese Schnecken vermögen durch die Absonderung von Schleim das Ausstoßen der

Nesselzellen an den Fangarmen der Hohltiere zu verhindern. Mit der Aufnahme der Polypentiere gelangen auch die nicht explodierten Nesselzellen in den Magen und in die Mitteldarmdrüse der Fadenschnecken. Aussackungen der Verdauungsdrüse ragen in die Anhänge am Rücken des Tieres, und die „gestohlenen“ Nesselzellen werden hier gespeichert. Wird eine Schnecke von einem Feind – etwa einem Fisch – attackiert, so sondert sie zur Abwehr nicht nur Unmengen Schleim ab, sondern schießt auch die Nesselzellen gegen den Angreifer!

Die Rotgetupfte Anemone (*Condylactis gigantea*), deren nesselbewehrte, wurmförmige Fangarme bis 30 Zentimeter Länge erreichen und an der Spitze einen ziegelroten Fleck tragen, können auch einen unvorsichtigen Taucher, der mit seinen Händen in die Fangarme tappt, empfindlich vernesseln. Trotzdem gibt es Garnelen, wie *Periclimenes anthophilus* oder *Thor amboinensis*, und Krabben, wie *Stenorhynchus seticornis*, die sich bei Gefahr zwischen die Tentakel der Riesenanemone flüchten, ohne von ihr als Nahrung gefangen zu werden. Die Jungtiere des Flammenfisches (*Apogon maculatus*) und des Gürtel-Kardinalfisches (*Apogon townsendi*) schwimmen ebenfalls zwischen den schwingenden Tentakeln, ohne vernesselt zu werden. Nur die ausgewachsenen Fische, die eine Länge von 15–30 Zentimeter erreichen, meiden das Nesseltier. Sie verbergen sich tagsüber in den Höhlen des Riffs, um erst bei Einbruch der Dämmerung im Freiwasser Schwebeorganismen als Nahrung aufzunehmen.

Vielfach bemerkt man an den Korallenstöcken kleine Vertiefungen und Höhlen. Sie stammen einerseits von Bohrschwämmen (*Cliona*-Arten), andererseits von Bohrmuscheln, wie der Schwarzen Steindattel (*Lithophaga nigra*) oder der Korallenbohrmuschel (*Gregariella coralliophaga*). Letztere lösen durch Säureausscheidungen aus Drüsen am Muschelrand den Kalk und liegen dann geschützt im Bohrgang. Nur ihre Atemsiphonen ragen ins freie Wasser, um Wasser zum Atmen und im Wasser schwebende Kleinstorganismen als Nahrung aufzunehmen.

Besonders auffällig sind an der Riffkante die hellbraunen Seesterne (*Linckia*-Arten), deren Arme bis 20 Zentimeter Länge erreichen. Aus den Furchen an der Armunterseite ragen die zahlreichen Füßchen, mit denen sie langsam über den Untergrund kriechen. Als Räuber „überfallen" sie vor allem Muscheln, wie die an Byssus-Fäden festsitzenden Zebra-Archenmuschel (*Arca zebra*) oder die Feilenmuschel (*Lima lima*). Der Seestern schiebt sich über seine Beute und stülpt den sackförmigen Magen darüber, um die vorverdaute Nahrung aufzusaugen.

Zu den Stachelhäutern gehört auch der Langstachelige Antillen-Seeigel (*Diadema antillarum*), dessen weiße, dünne, spitze Stacheln aus einem Sekretbeutel Gift absondern können. Er richtet seine Stacheln nach jedem auf ihn fallenden Schatten, um so einen möglichen Angreifer auf Abstand zu halten. Die Spitzen der Stacheln sind so fein ausgezogen, daß sie mit bloßem Auge vom Taucher kaum zu erkennen sind. Beim Nähern mit einer Hand hat man die Spitzen schon eher in der Haut stecken, als man es vermutet. Da die eingedrungenen Stachelspitzen sofort abbrechen und mit dem Gift in die Haut wandern, ist eine solche Begegnung mit diesem Seeigel immer mit heftigen Schmerzen verbunden.

Auch der Diadem-Seeigel hat Untermieter: Bei Gefahr verstecken sich kleine Garnelen zwischen den aufgerichteten Stacheln und sind gegen etwaige Feinde ausgezeichnet geschützt. Mit Hilfe ihres Kauapparates an der Unterseite ihres gepanzerten Körpers nehmen die Seeigel vor allem Algen als Nahrung auf.

Gelegentlich entdeckt man in den Spalten und Höhlen des Riffabfalles die Tritonshorn-Schnecke (*Charonia variegata*), deren hochgetürmte Schale bis 24 Zentimeter erreichen kann. Mit den Hakenzähnen ihrer Raspelzunge vermag sie ihre Beute, meist Seesterne, zu überwältigen. Die Schale findet man häufig in den Souvenirläden der Touristenzentren. Sie wurde früher auch als Blasinstrument verwendet. Wenn man in die oberste Windung ein Loch bohrt und mit vollen Backen hineinbläst, kann man einen dumpfen Ton erzeugen.

Neben den Porzellanschnecken oder Kauris (*Cypraea*-Arten) sind bei den Sammlern unter den Rifftauchern vor allem die Schalen der Kegelschnecken (*Conus mindanus* u. a.) sehr gefragt. Da die letzte große Windung mit der Gehäuseöffnung die oberen Windungen umschließt, entsteht die kegelförmige Gestalt der glatten und bunt gefärbten Schale. Die Tiere sind Räuber, die mit ihrem vorschnellbaren, giftigen, stachelartigen Zahn ihre Beute anbohren und lähmen. Dann schieben sie ihre dehnbare Schnauze über ihr Opfer, welches als Ganzes verschlungen wird. Das Giftsekret besteht aus anorganischen Säuren, u. a. aus 2- bis 4prozentiger Schwefelsäure. Daher ist es für den Rifftaucher nicht ratsam, lebende Kegelschnecken mit bloßen Händen anzugreifen, denn der Stich ruft nicht nur starken Juckreiz, sondern gelegentlich auch Lähmungserscheinungen hervor.

Ihre Nahrung besteht hauptsächlich aus Vielborstigen Ringelwürmern (*Polychaeta*), wie *Nereis*- und *Lumbrinereis*-Arten. Deren langgestreckter, etwas abgeplatteter Wurmkörper setzt sich aus zahlreichen Ringeln oder Segmenten zusammen. Die vorderen Segmente sind zu einem Kopfabschnitt vereinigt, an dem mehrere Fühlerpaare sitzen. In der Mundöffnung liegen starke Kiefer zum Zerkleinern der gefangenen Nahrung. Die Rumpfsegmente sind alle gleich gebaut und besitzen seitlich je ein Paar Stummelfüße, die einen Kiemenanhang tragen. Sie haben ein hohes Regenerationsvermögen und können verlorengegangene Teile ihres Körpers nachbilden. Schlängelnd kriechen sie in den Spalten und Hohlräumen des Riffs, in denen man stets auch die Vertreter der Schnurwümer (*Nemertini*) antrifft. Sie erreichen eine Länge bis 20 Zentimeter und sind meist auffällig rötlich gefärbt. Typisch ist die Ausbildung eines langen, einziehbaren Fangrüssels zum Ergreifen ihrer Beute, die sie aussaugen oder als Ganzes verschlingen.

Dagegen zählen die meisten Krebstiere des Riffs zur „Gesundheitspolizei" dieses Lebensraumes, da sie sich hauptsächlich von kranken, abgestorbenen und faulenden Tieren und Pflanzen ernähren. Langsam kriecht die Seespinne *Mithrax* mit ihren langen, bedornten Beinen zwischen den Korallenstöcken. Die Schwammkrabbe *Dromia* ist ein Meister der Tarnung und hält mit ihren beiden letzten Beinpaaren abgeschnittene Schwammstücke über ihren gepanzerten Körper. Durch „knallende" Geräusche macht sich die Schnappgarnele (*Alpheus*) bemerkbar, indem sie die rechte Schere plötzlich zusammenklappt, während die Gebänderte Korallengarnele (*Stenopus hispidus*) sich an, am Riffabfall weidende, Fische heranmacht und mit den Antennen betastet. Sofort hält der Fisch still, und die Garnele befreit ihn als „Putzer" von anhaftenden Parasiten.

Knapp unter der Wasseroberfläche schwimmen in Gruppen die Riffgarnelen (*Palaemon*). Sie erreichen eine Länge von 4,5 Zentimetern und sind so durchsichtig, daß man ihre inneren Organe erkennen kann. Um die bis 40 Zentimeter lange Stachel-

▲ Der Vulkan La Pélée auf Martinique

Die Hafenstadt St. Pierre

▲ Ausbruch des Vulkans Pélée am 8. Mai 1902

Die zerstörte Stadt St. Pierre
▼ nach dem Vulkanausbruch

▼ Anoli-Echse

Gecko

Hahnenkampf

Puppe und Raupe des
▼ Wasserzünsler-Falters

eole mit Zöpfchen

▲ Gorgonien-Koralle (*Eunicea sp.*)

Tritonshorn-Schnecke (*Charonia variegata*) ▼

▼ Süßwasser-Krabbe (*Guinotia dentata*)

▲ Meeresküste mit Kokospa

▼ Felsküste Cap de Chateau

oupe, Grande Terre

▲ Tropischer Ammenhai (*Ginglymostoma cirratum*)

▲ Achtarmiger Krake (*Octopus vulgaris*)

Sauggrundel (*Sicydium sp.*) ▼

▲ Stelzenwurzeln des Mangrovebaumes (*Rhizophora sp.*)

Trafalgar-Wasserfälle (Dominica)

▼ Baumfarn (*Cyathea sp.*) im Bergurwald

Blaukopf-Amazone (*Amazona aurasiaca*) ▲

Herkuleskäfer (*Dynastes hercules*) ▲

Dominica-Boa (*Boa constrictor nebulosus*) ▼

Stockwerkaufb
im Bergurw

▲ Kochender See (Dominica)

Kreolenkind von Martinique

▼ Guadeloupe, Basse Terre: Schema der Landschaften

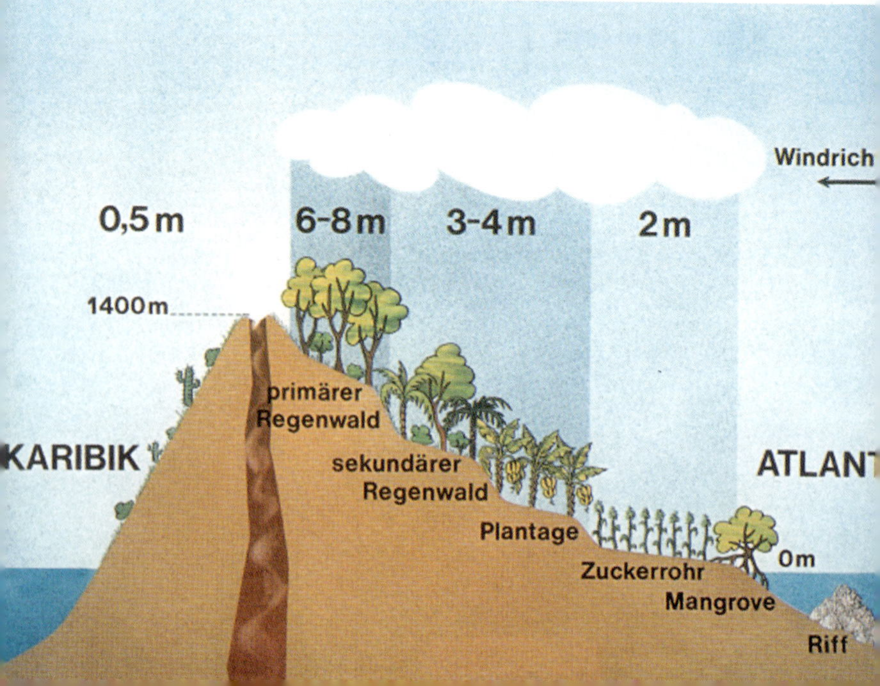

▲ Fackel-Ingwer (*Phaeomeria magnifica*)

Schnabel-Heliconie (*Heliconia rostrata*

Kariben-Indianer (Dominica) ▲

▲ Kreolenmädchen von Martinique

Backen von Maniok-Fladen

Einbaum der Kariben-Indianer (Dominica)

▲
Kreolen-Mädchen mit Zöpfchen
▼

Languste (*Palinurus*) zu beobachten, muß man tiefer abtauchen. Tagsüber sitzen sie in den Höhlen des Riffbodens oder in Felsausbuchtungen, um erst in der Nacht auf Nahrungssuche zu gehen. Im Gegensatz zum Hummer fehlen den Langusten die großen Scheren. Sie sind begehrte Speisekrebse und werden auf den Antilleninseln in allen Restaurants in verschiedenen Zubereitungsarten angeboten. Ihr Fang erfolgt in Körben, die mit Muschelfleisch als Köder besetzt werden. Durch eine sich nach innen verengende Öffnung kann der Krebs zwar in den Korb hinein, aber nicht mehr heraus. Der zunehmende Tourismus erhöhte den Bedarf an Langusten, und die Bestände an den Küsten der Westindischen Inseln wurden leider stark dezimiert. Neue Schutzbestimmungen verbieten während einiger Monate (hauptsächlich zur Fortpflanzungszeit) ihren Fang.

Zu ihren natürlichen Feinden zählen unter anderem die Kraken (*Octopus vulgaris, Octopus macropus*) mit ihren acht saugnapfbesetzten Fangarmen. Sie kommen erst in der Dämmerung aus ihren höhlenartigen Schlupfwinkeln, deren Eingang sie mit leeren Krebspanzern, den Resten ihrer Nahrung, verbarrikadieren. Meist kriechen sie, sich mit den Armen festsaugend, über die Riffblöcke. Bei Gefahr stoßen sie durch das Atemrohr Wasser aus der Atemhöhle bei gleichzeitiger Abgabe einer „Wolke" ihres Sepia-Farbstoffes. Durch den Rückstoß des ausgepreßten Wassers (Raketenprinzip) und getarnt durch die dunkle Farbwolke können sie blitzschnell einem etwaigen Angreifer, dem die Sicht genommen wurde, entkommen! Beim Beutefang wird der Krebspanzer mit Hilfe ihrer papageienschnabelartigen Hornkiefer aufgeknackt, und das austretende giftige Speichelsekret weicht durch eine Art „Vorverdauung" das Innere des Beutetieres auf. Mit Hilfe ihrer Raspelzunge wird die Nahrung in die Mundöffnung gezogen. Übrigens muß ein Taucher, der einen Oktopus fangen will, ebenfalls vorsichtig sein, denn die scharfen Kiefer und der Giftspeichel können unangenehme Wunden hervorrufen!

In den Höhlen des Riffs sitzen auch gerne die schlangenartigen Muränen wie *Muraena miliaris*, die Goldschwanz-Muräne, oder *Lycodontis*-Arten, die bis 1,5 Meter Länge erreichen. Ihr Blut ist giftig, und auch die Gaumenschleimhaut trägt Giftdrüsen. Beim Biß mit ihrem scharf bezahnten, spitzen Maul entstehen tiefe, schwer heilende Wunden. Zusätzlich kann es zu Infektionen durch Futterreste kommen, die an den kegelförmigen Zähnen hängengeblieben sind und zu Komplikationen führen.

Die zahlreichen Klein- und Kleinsttiere, die das Spaltensystem und die Oberfläche des Korallenriffs bewohnen, sind die Nahrungsgrundlage von zahlreichen Fischarten, die der Taucher oft aus nächster Nähe beobachten kann. Ein dämmerungsaktiver Kleinräuber von 20–40 Zentimetern Länge ist der Husarenfisch (*Holocentrus adcensionis*) aus der Familie der Soldaten- oder Stachelfische. Ihr wehrhafter Name bezieht sich auf die starken Stacheln der Rükkenflosse und auf die Bedornung des Kiemendeckels. Die roten Schuppen des Husarenfisches zeigen bei einem bestimmten Lichteinfall eine goldgelbe Reflexion, während die Seiten rot-weiße Streifen zieren. Die Husarenfische ernähren sich hauptsächlich von Schwebeorganismen, die an die Riffkante getrieben werden.

In ihrer Gesellschaft beobachtet man fast immer den Roten Schnapper (*Lutjanus campechanus*), der seinen deutschen Namen von seinem weiten, schnell zuschnappenden Maul bekam, das mit einem kräftigen Gebiß ausgestattet ist. Der Laternen-Barsch

(*Serranus baldwinus*) besitzt auf der Oberseite eine grünschwarze, auf der Bauchseite eine silbergelbe Beschuppung, während vier schwarze Flecken in vertikaler Reihe vor der Schwanzflosse liegen. Biologisch interessant ist die Geschlechtsumwandlung dieser Barsche: Jungfische sind weiblich, im Alter mutieren sie zu Männchen.

Die bis 80 Zentimeter langen Zackenbarsche (*Epinephelus*-Arten), von den amerikanischen Tauchern wegen der großen Artenzahl der Gattung „grouper" genannt, schwimmen zwischen den Korallenstöcken oder verstecken sich in Höhlen. Sie sind dem Taucher gegenüber sehr neugierig und lassen sich sogar von Hand füttern. Die hochrückigen Goldbrassen (*Diplodus*-Arten) besitzen gezackte Rükkenflossen und bevorzugen bei den Riffen vor allem stark bebrandete Bereiche. Als beliebte und schmackhafte Speisefische werden sie stets auf den Fischmärkten feilgeboten.

Zu den buntesten Korallenfischen zählen die Vertreter der Schmetterlingsfische oder Borstenzähner. In ihrer Farbenpracht sind sie nur mit den schönsten Schmetterlingen vergleichbar. Wie viele Fische des Riffs haben sie einen seitlich flachen, hochrückigen Körper, der es ihnen ermöglicht, zwischen den engen Spalten zu schwimmen. Leuchtende blaue und rote Flecken auf gelbem bis dunkelrotem Grund finden sich beim Augenfleck-Fisch (*Chaetodon ocellatus*), Streifen beim Linien-Fisch (*Chaetodon striatus*). Sie schwimmen paarweise oder in kleinen Rudeln; nähert sich ihnen ein Taucher, so stellen sie sich schräg mit dem Kopf nach unten, spreizen die Stacheln der Rückenflossen und geben „schimpfende" Drohlaute von sich. Leuchtend gelbblaue Flecken zieren die bunten, in größeren Schwärmen lebenden Engelfische, wie z. B. *Holocentrus tricolor* oder *Holocentrus ciliaris*, die eine Länge bis 40 Zentimeter erreichen. Die Jungfernfische, auch „Demoiselle" genannt (*Pomacentrus*- und *Chromis*-Arten), erregen trotz ihrer Kleinheit (6–11 Zentimeter) durch das schimmernde Blau ihres Schuppenkleides und wegen ihrer Lautäußerungen die Aufmerksamkeit des Rifftauchers.

Fleischige Lippen des vorstreckbaren Maules und ihre lebhafte, grünblaue Färbung sind die auffälligsten Merkmale der 10–30 Zentimeter langen Lippfische, wie z. B. die *Halichoeres*-Arten oder der Blaukopf (*Thalassoma bifasciatum*). Sie schwimmen durch gleichzeitiges nach-hinten-schlagen der Brustflossen, wobei das Körperende nachgeschleppt wird. Eine ähnliche Schwimmweise zeigen die Papageifische, die man sofort an ihren verschmolzenen Zähnen erkennt, die einem scharfkantigen Papageienschnabel ähnlich sind. Sie zeigen ebenfalls eine unglaubliche Vielfarbigkeit, wie die *Scarus*- und *Sparisoma*-Arten; 15–30 Zentimeter lang, umschwimmen sie in großen Gruppen den Taucher am Riffabhang. Mit ihrem „Schnabel" weiden sie Algen, aber auch Korallenpolypen ab, wobei ein raspelndes Geräusch zu hören ist. Bei Einbruch der Dämmerung suchen sie Riffhohlräume auf und scheiden eine Schleimhülle ab, in der sie schlafend übernachten. Die Seebader, auch Doktor- oder Chirurgenfische (*Acanthurus*-Arten), mit einer Länge bis 30 Zentimeter, können je einen starken Dorn mit der Schärfe eines Skalpells aus jeweils einer Grube zu beiden Seiten der Schwanzwurzel wie ein Taschenmesser aufklappen und zur Verteidigung verwenden. Sie halten sich gern in kleinen Gruppen im lichtdurchfluteten Bereich des Riffs auf, um dort zwischen den Korallenstöcken und Aufwuchsalgen, wie *Caulerpa*, *Udotea* oder *Halimeda*, ihre Nahrung abzuzupfen.

Die Drückerfische (*Balistes*-Arten: 30–45 Zentimeter; *Canthidermis*-Arten: 18–45 Zentimeter; *Alutera*-Arten: bis 50 Zentimeter) besitzen eine speziell ausgebildete erste Rückenflosse aus stabilen Flossenstrahlen, den sogenannten „Drücker", der zum Verspreizen zwischen den Korallenstöcken dient. So gelingt es auch größeren Raubfischen meist nicht, sie aus ihrem schützenden Versteck zu ziehen. Eine andere Bezeichnung für diese Fische, „Lederjacken", bezieht sich auf die derbe, sandpapierartige Beschaffenheit ihrer Haut, die mit feinsten Dornen besetzt ist. Übrigens können diese hochrückigen Fische, welche weiße Flecken auf braunem bis dunkelorangem Grund besitzen, auch Knurrlaute hervorbringen. Sie werden daher von den Fischern und Tauchern als „Altes Weib" bezeichnet. Die Laute entstehen durch Druck der seitlichen Rumpfmuskulatur auf den Schultergürtel, der sich dabei an der Schwimmblase reibt.

Zu den „Clowns" unter den Riff-Fischen zählen die gehörnten Kofferfische (*Acanthostracion*-Arten), die eine Länge von 40 Zentimetern erreichen. Ihr Körper ist von dicken Platten eingeschlossen, die einen kofferförmigen Panzer bilden. Die Ballon- oder Kugelfische (*Sphaeroides*-Arten) vermögen sich bei Gefahr durch Einsaugen von Wasser in den sackförmigen Magen aufzublasen, wobei die höchstens 15 Zentimeter großen Fische bis zu 1 Liter Wasser aufnehmen können. Fängt man einen Kugelfisch und bringt ihn aus dem Wassers, so pumpt er sich mit Luft voll. Ober- und Unterkiefer bestehen aus zwei starken Zahnplatten, mit denen sie Seeigel, Krabben, Schnecken- und Muschelschalen aufknacken können. Die 40–90 Zentimeter langen Igelfische (*Diodon*-Arten) können beim Aufblasen zusätzlich Stacheln aufzustellen. Von den kreolischen Fischern werden sie in aufgeblasenem Zustand getrocknet und den Touristen als Souvenir angeboten.

Ein plumper Fisch von bizarrem Aussehen ist der nur 8 Zentimeter lange Frosch- oder Krötenfisch (*Antennarius scaber*), der meist in Gemeinschaft mit Schmetterlingsfischen lebt. Seine dicke, glatte Haut besitzt zahlreiche Auswüchse, und über der Mundspalte baumelt ein gegabeltes Angelorgan. Damit lockt er kleine Riffbewohner an, die er bei Annäherung blitzschnell packt und verschlingt.

Zu den größeren Raubfischen, welche beim Riff ihr Jagdrevier haben, zählt der 1,5 Meter lange Barrakuda (*Sphyraema barracuda*). Er wurde früher von den Tauchern gerne harpuniert, sodaß seine Bestände heute schon sehr zurückgegangen sind. Er jagt neben Fischen auch Kopffüßer (fälschlich als Tinten„fische“ bezeichnet) aus dem Stamm der Weichtiere, wie Sepien oder Kalmare. Der blaugraue Dunkelhai (*Carcharhinus obscurus*) kann über 3 Meter Länge erreichen und nimmt, neben Korallenfischen, auch große Krebse als Nahrung auf. Die Weibchen sind lebendgebärend, und auf der Unterseite der Haie saugen sich als „Blinde Passagiere“ die Schiffshalter (*Echeneis*-Arten) an. Der Dunkelhai wird von den Kreolenfischern mit Legangeln gefangen und sein Fleisch zu Haschee faschiert.

Zwischen den Riffen breiten sich in ruhigeren Buchten auch sandige Gründe aus, deren Böden aus zerriebenem, abgesetztem Korallenmaterial gebildet werden. Gelegentlich sind sie von Algenbeständen und Seegraswiesen durchsetzt. Die meisten Bewohner dieses Lebensraumes leben auf und in den obersten Schichten des Weichbodens. Die hochgetürmten Hornschnecken (*Cerithium*-Arten) weiden das abgelagerte, organische Material der Oberfläche ab, während sich die Nabelschnecken (*Natica*- und *Polinices*-

Arten) und Olivenschnecken (*Oliva*-Arten) mit ihrem schwellbaren Fuß in den Sand einbohren, um sandbewohnende Muscheln (wie z. B. Feilenmuscheln [*Chlamys*], Herzmuscheln [*Cardium*] und Plattmuscheln [*Tellina*]), als Nahrung zu erbeuten. Die Helmschnecken (*Cassis flammea*, *Cassis tuberosa*), deren Schalen eine Höhe von 25 Zentimetern erreichen, ernähren sich hauptsächlich von sandbewohnenden Seeigeln. Da ihre Gehäuse bei Sammlern sehr begehrt sind, wurden diese Schnecken übersammelt und mußten unter Naturschutz gestellt werden. Die „Krone" der Westindischen Meeresschnecken ist die Königin-Schnecke oder Queens Conch (*Strombus gigas*) mit einem ausladenden, flügelförmigen Mündungsrand und einer Schalenhöhe von 30 Zentimetern. Auch dieses Weichtier ist in seinem Bestand sehr gefährdet und mußte auf die Red-data-list (Rote Liste vom Aussterben bedrohter Arten) der Internationalen Naturschutzbehörde gesetzt werden. Der Weichkörper der Schnecke wurde und wird, unterschiedlich scharf gewürzt, in der Kreolenküche verwendet. In der Nähe der Fischerdörfer sieht man die Abfallhaufen leerer *Strombus*-Schalen aufgeschichtet.

Wenn man bei einfallender Dämmerung den Sandgrund abschwimmt, begegnet man nicht selten dem bräunlich-gelben Ammenhai (*Ginglymostoma cirratum*), der bis 4 Meter Länge erreichen kann. Er ernährt sich von Krebsen, Weichtieren und Stachelhäutern, eine Nahrung, die auch der bis 3 Meter lange Gefleckte Adlerrochen (*Aetobatus narinari*) bevorzugt. Dieser ist ein schneller Schwimmer, der gelegentlich durch spektakuläre Sprünge den Sand aufwirbelt. Der bräunliche, 1,5 Meter lange Meeraal (*Conger triporiceps*) gehört zu den beliebtesten Speisefischen, den die Fischer sowohl mit dem Netz als auch mit der Legangel fangen. Die Grunzerfische

(*Haemulon*-Arten) ziehen in der Dämmerung in kleinen Trupps über Sandgrund und Seegräser. Sie erreichen eine Länge von 50 Zentimetern, besitzen auffällige Längsstreifen und erzeugen mit ihren Schlundzähnen grunzende Geräusche. Die Meerbarben (*Mullus*-Arten) grundeln mit ihren zwei Barteln im Sand. Sie können ihre Körperfarbe dem Untergrund anpassen und werden wegen ihres schmackhaften Fleisches häufig gefangen.

Die dichten Bestände verschiedener verzweigter Braunalgen (*Dictyopteris*- und *Sargassum*-Arten) und der Seegräser stellen einen eigenen Lebensraum dar. Neben zahlreichen Kleintieren wie Meerasseln und Flohkrebsen sowie pflanzenfressenden Meeresnacktschnecken (*Aplysia*-Arten [Seehasen], *Elysia*-Arten) begegnet der Taucher beim Durchschwimmen nicht selten dem merkwürdigen Fühler- oder Sargasso-Fisch (*Histrio histrio*). Seine gliedmaßenähnlichen Flossen benützt er zum Kriechen im Algengewirr. Er sucht nach verschiedenem Kleingetier, während die aufrecht schwimmenden Seepferdchen (*Hippocampus*-Arten) und die langgestreckten Seenadeln (*Syngnathus*-Arten) mit ihren langen Schnauzen nach Schwebtieren schnappen.

Langsam schwimmend nähern wir uns, in den Wellen schaukelnd, dem seichten Küstenwasser einer Bucht, in der algenbewachsene Korallen- und Lavablöcke aus dem Sand ragen. Der rotbraune Felsen-Seeigel (*Echinometra lucunter*) sitzt in kleinen Löchern, die er beim Abweiden in den Untergrund gegraben hat. Zwischen den weißen Stacheln des Küsten-Seeigels (*Tripneustes ventricosus*) verstecken sich kleine Garnelen (*Gnathophylloides mineri*). Flink laufen die Uferkrabben, wie die braungelb marmorierten *Grapsus*- und *Sesarma*-Arten, im Seitwärtsgang und kommen gelegentlich sogar über die Wasseroberfläche. Unter angeschwemmtem Korallengeröll und in Gezeitentümpeln sitzt die Schlammkrabbe (*Eriphia gonagra*), bei deren Fang Vorsicht geboten ist, da ihre starken Scheren einen Finger empfindlich zu quetschen vermögen.

Wir tauchen wieder auf und begeben uns zum Küstenbereich. Dieser gehört zwar schon zum Land, wird aber bei stärkerem Seegang von Meerwasserfontänen übersprüht. Als Pionierpflanze der Landvegetation überzieht die Strandwinde (*Ipomea pes-carpae*) mit ihren Ausläufern, Wurzeln und purpurfarbenen Blüten den Sandboden. Knapp dahinter streifen wir durch die 1,5 Meter hohen Büsche der Strand-Lobelie (*Scaevola plumieri*). Über uns stoßen kreischend Küstenmöwen (*Larus marinus, Larus argentatus*) über die Köpfe, während die Seeschwalben (*Sterna hirundo*) und die langschwänzigen Tropikvögel (*Phaeton lepturus*) elegant ihre Kreise in größeren Höhen ziehen. Der Blaureiher (*Ardea herodias*) stapft im seichten Wasser und stößt ab und zu mit seinem spitzen, speerartigen Schnabel durch die Wasseroberfläche, um eine Krabbe, eine Schnecke oder einen Fisch herauszuholen.

Die Grenzen zwischen Meer und tropischen Inselküsten verwischen sich ständig. Liegen die Küsten geschützt, kann das Land, begünstigt durch salzwasserresistente Pflanzen, langsam vordringen. Einen wesentlichen Anteil hat dabei die zirkumtropisch verbreitete Mangrovenregion. Beim Anflug auf Guadeloupe erkennt man an den nördlichen, windabgewandten Küsten von Grande Terre und Basse Terre hinter dem blaugrünen Meer den dunkelgrünen Saum der Mangrovenwälder, der sich deutlich gegen das hellgrüne bis braungetönte Hinterland abgrenzt. Er wird von den Unterläufen und breiten Mündungen der Inselflüsse durchschnitten.

„Mangrove“ ist ein Überbegriff für strauch- bis baumgroße Pflanzenarten, die Stelzwurzeln besitzen, mit denen sie im schlammigen Grund verankert sind. Der graubraune Schlick wird bei Flut vom Meerwasser bedeckt und fällt bei Ebbe wieder trocken. Die Rote Mangrove (*Rhizophora mangle*) erreicht eine Höhe bis 10 Meter und wurzelt direkt im salzigbrackigen Wasser. Die Pflanze ist – in Anpassung an ihren extremen Standort – „lebendgebärend“, das heißt ihre Samen keimen bereits in der Frucht und senden ihre zarten Wurzeln in den Bodengrund, bevor die Frucht abfällt. Sie wachsen rasch zu kräftigen, jungen Bäumen und formen mit ihren Stelzwurzeln ein undurchdringliches Geflecht, in dem sich Schlamm, Sand, verwesende Pflanzenteile, Muschelschalen und anderes Treibgut ablagern. Auf den Wurzeln siedeln sich Seepocken und festsitzende Muscheln, wie Miesmuscheln und die Mangroven-Austern (*Isognomon alatus* und *Crassostrea rhizophorae*), an. Kleinschnecken (z. B. die Strandschnecken der Gattung *Littorina*) weiden die Aufwuchsalgen ab, und im Wurzelgeflecht kriecht der Mangroven-Seestern (*Coscinasterias tenuispina*). Im Uferbereich schließt die Schwarze Mangrove (*Avicennia germinans*) an, deren Wurzeln im Schlick stecken und Fortsätze an die Oberfläche senden, die wie Bleistifte aus dem Boden ragen. Landeinwärts folgt die Weiße Mangrove (*Laguncularia racemosa*) und bildet einen Waldsaum. Der lebensbedrohenden Gefahr des Erstickens im sauerstoffarmen Schlamm begegnet diese Pflanze durch Ausbildung von Luft- und Atemwurzeln. Mit erhöhter Pflanzensaugkraft überwinden die Mangrovenbäume den hohen Salzgehalt des Meerwassers, wobei das eingedrungene Salz an den ledrig-glänzenden Blättern wieder ausgeschieden wird.

Mit einem Schlauchboot fahren wir über die breite Mündung des Rivière Lezard, der die Mangrovenwälder durchkreuzt. Auf seiner Wasseroberfläche treiben die dichten Polster der Wasserhyazinthe (*Eichhornia crassipes*). Sie wurzelt zunächst im ufernahen Schlamm; lange Ausläufer dieser raschwüchsigen Pflanze bilden neue Rosetten, die sich ablösen und frei schwimmen können, da ihre Blattstiele zu dicken Schwimmkörpern aus luftgefülltem Gewebe anschwellen. Sie treiben Blütenstände mit blaßvioletten, hyazinthenartigen Blüten, die über die Blätter ragen. Durch ihre rasche Vermehrung kann diese Pflanze ganze Flußläufe verstopfen. Die Folge ist oft das Absterben der Wassertiere durch Sauerstoffmangel, aber auch der Boots- und Schiffsverkehr auf größeren Tropenflüssen wird stark behindert.

Vom Meer wandern einige Fischarten bis in die Gewässer der Mangrovenzone, gelegentlich auch flußaufwärts in die Unterläufe der Inselflüsse. Beim Mangroven-Schnapper (*Lutjanus griseus*) sind es vor allem die Jungfische, die sich hier aufhalten, während die ausgewachsenen Fische in der Nacht bis zum Riff wandern. Neben dem Mangroven-Grunzer (*Pomadasys crocro*) beobachtet man auch die Schwärme der silbrig schimmernden Stechbrassen (*Lagodon rhomboides*) sowie die Schäfergrundeln (*Dormitator maculatus*), die als Bodenbewohner die braungraue Färbung des Schlammes zeigen. Sie wandern weit flußaufwärts bis in den Süßwasserbereich der Unter- und Mittelläufe. In den brackigen Ufertümpeln der Mangrove tummeln sich die kleinen Moskitofische (*Gambusia affinis*), deren Nahrung die Larven der Stechmücken sind, die sich hier massenhaft entwikkeln. Letztere können den Aufenthalt in der Mangrove zur Qual machen!

Mit unseren Fischerstiefeln erreichen wir watend

die Stelzenwurzeln und den Schlammboden. Blitzschnell sausen Landkrabben (*Gecarcinus*-Arten) in die Löcher ihrer tiefreichenden Gänge. Besonders aktiv sind sie in der Nacht oder nach Regenfällen. Ihre Larven entwickeln sich allerdings noch im Meer. Die tropischen Mangrovenwälder sind die Übergangswelt zwischen Meer und Land. Sie schaffen mit ihrem pflanzlichen Wall und den Schlammablagerungen neues Land. Sie sind allerdings „wandelnde" Wälder, denn was sie einerseits dem Meer abgewinnen, verlieren sie andererseits im Hinterland, wo ihnen allmählich anspruchsvollere, reichere tropische Wälder folgen. Das Dickicht der Mangroveninseln in der Nähe der Meeresküste bildet einen gut geschützten Lebensraum für Vögel, die ihre Nahrung im Wasser finden. Dazu gehören z. B. der Kuhreiher (*Ardeola ibis*), der Schmuckreiher (*Egretta thula*), der Silberreiher (*Casmerodius (Egretta) albus*), der Meerespelikan (*Pelecanus occidentalis*) und der Prachtfregattvogel (*Fregatta magnificiens*).

Bevor Menschen die Inseln der Kleinen Antillen erreichten, waren die Abhänge an den Ostabfällen der erloschenen und aktiven Vulkane, bedingt durch die starken Niederschläge vom Atlantik, bis in die Talschluchten von Regenwäldern überzogen. Die einwandernden Indianer waren entweder Sammler und Jäger, oder sie betrieben – wie die Arawaks – kleine Landwirtschaften, durch welche die ursprüngliche Vegetation nur geringfügig beeinträchtigt wurde. Erst mit der Ankunft der europäischen Siedler begannen im Küstenland und im Hügelland radikale Rodungen. Es entstanden Monokulturen von Zuckerrohr und Plantagen für tropische Früchte. Nur die steileren Hänge beim Vulkan La Soufrière und bei den erloschenen Vulkanen Carmichael (1414 Meter), l'Echelle (1397 Meter), Sans Toucher (1354 Meter) und Deux Mamelles (768 Meter) besitzen immergrünen Regenwald und werden von über neunzig Flüssen und Bächen entwässert. Die nördlichen Abhänge des Soufrière wurden zum „Parc Naturel" („Naturschutzpark") erklärt, in dem weder gerodet noch gejagt werden darf. Mit unserem Mietauto gelangten wir bei unseren zahlreichen Exkursionen über die engen und steilen Serpentinen der Panoramastraße „Route des Deux Mamelles" zu einer Abzweigung zum Maison de la Forêt („Forsthaus"). Von hier führen verschiedene Wege in das grüne Dickicht der Bergregenwälder. Wir packten daher unsere Sammel-, Foto- und Filmausrüstung auf den Rücken, und der weitere Aufstieg ins Quellgebiet der Urwaldbäche erfolgte zu Fuß. Schon nach wenigen Schritten tropften uns in der feuchten Treibhausluft die Schweißperlen von der Stirn und drangen vom Körper in die Baumwollhemden und Arbeitshosen. Wir befanden uns im Dämmerlicht eines gewaltigen Laubdomes, denn dort, wo hohe Niederschläge und gleichmäßig warme Temperaturen eine hohe Luftfeuchtigkeit bedingen, treffen die günstigsten Lebensbedingungen für ein üppiges Pflanzenwachstum zusammen. Hier kann sich eine Artenvielfalt entwickeln, wie sonst nirgends in einem Lebensraum des Landes.

Wenn wir den Blick vom Boden in die Wipfelregion richten, erkennen wird die charakteristische vertikale Gliederung des Urwaldes in verschiedene Stockwerke. Infolge des Verdrängungswettbewerbes der zum Licht strebenden Pflanzen ist die Blattdichte so groß, daß nur an wenigen Lichtungen das Sonnenlicht bis zum Boden dringt. Verfaulende Blätter und andere Pflanzenteile werden durch Mikroorganismen, aber auch durch bodenlebende Faden- und

Ringelwürmer sowie Waldschaben und Tausendfüßer zersetzt und mineralisiert. Im untersten Bereich dominieren Algen, Moose, Flechten, Pilze und Farne wie der Moosfarn (*Selaginella*), aber auch Zwergpalmen (*Bactris*-Arten) und die zu den Bananengewächsen zählenden *Heliconia*-Arten. Die Schnabel-Heliconie (*Heliconia rostrata*) erreicht eine Höhe von höchstens 3 Metern und ihre breiten Laubblätter eine Länge von 2–3 Metern. Die dekorativen Blütenstände hängen bogig über tiefroten Stielen und tragen bis 12 rosarote Tragblätter, die am Rande mit einer gelblichgrünen Spitze auslaufen und an den gewölbten Schnabel eines Vogels erinnern. Die Blütenblätter leuchten schwefelgelb und ragen bei voller Blüte hervor. Bei der Wagnerschen Heliconie (*Heliconia wagneri*) stehen die rosa bis orangefarbenen, kahnförmigen Tragblätter aufrecht und umhüllen grünliche Blüten. Sie sind oft mit Regenwasser gefüllt.

Zur Familie der Aronstabgewächse zählen die Schweif- und Flamingoblumen (*Anthuria*-Arten), aus denen verschiedene Kulturformen gezüchtet wurden. Das dekorative Blattwerk wird von einem langstieligen Blütenschaft überragt, der ein rötliches Hüllblatt trägt, aus dem ein gebogener Blütenkolben hervorragt. Die doppelte Blütenhülle der Vogelkopfblume (*Aristolochia ringens*) bildet eine nach oben geöffnete Kesselfalle. Intensiver Aasgeruch lockt Insekten an, die eine Zeitlang gefangen sind und dabei die Bestäubung durchführen, aber nicht wie bei den fleischfressenden Pflanzen verdaut werden. Die Keulenlilien (*Cordyline*-Arten) mit ihren auffallend rotgrünen, schilfartigen Blättern können bis über 5 Meter hoch werden.

Beim Anblick der Baumfarne (*Cyathea*-Arten), die in Höhen über 500 Meter vor uns aufragen, fühlt man sich ins Erdmittelalter zurückversetzt. Sie gehören – neben den dicht stehenden Assaispalmen (*Euterpe*-Arten) mit ihren dichten Wedelbüscheln, den Ameisenbäumen (*Cecropia*-Arten) mit großen, gefingerten Blättern sowie den Weinpalmen – zum mittleren Stockwerk des Bergregenwaldes. Beim mühsamen Aufstieg entdecken wir auch bekannte „Baumkletterer", wie die Arten der bei uns als Zimmerpflanzen häufigen Gattungen *Philodendron* und *Monstera*. Ihre Blätter sind entweder ganzrandig oder gefiedert; mit Luftwurzeln halten sich die Kletterpflanzen fest und bilden zapfenartige Früchte, deren Geschmack dem der Ananas sehr ähnlich ist. Als Lianen und Schlingpflanzen ranken Bignonien-Arten, wie z. B. die Katzenkralle (*Doxantha unguiscathi*) mit krallenartigen Ranken und die Prunkwinde (*Ipomea horstalliae*) mit rostroten, glockenförmigen Blüten. Die Samen der Würgfeigenbäume (*Ficus*-Arten) keimen auf Urwaldbäumen und bilden zahlreiche lange, fadenförmige Luftwurzeln, die allmählich ein dichtes Netzwerk um den Wirtsbaum bilden. Im Laufe der Zeit wird der umsponnene Baum eingeschnürt und „erwürgt".

Wir entdecken auch zahlreiche Vertreter verschiedener Epiphyten (Aufwuchspflanzen); neben Baumpilzen, Farnen und Moosen sind es vor allem die Bromelien oder Ananasgewächse, die auch vielen Pflanzenfreunden bekannt sind. Mit ihrem trichterartigen Blattaufbau aus Rosetten bilden sie kleine Zisternen, in denen sich das tägliche Regenwasser sammelt, welches organischen Staub, Laubreste und kleine Insekten einschwemmt. Die im Wasser gelösten Mineralsalze werden durch die Blätter aufgenommen, welche dadurch die Funktion der Wurzeln übernehmen. Übrigens entwickelt sich in diesen „Kleinst-Tümpeln" eine eigene Fauna aus Einzellern, Rädertierchen, Fadenwürmern und Insektenlarven!

Die schönsten Blüten bringen die Orchideen, wie *Cattleya-*, *Odontoglossum-* und andere Arten, hervor. Sie speichern Regenwasser in Stengelknollen und vermögen Unmengen von winzigen Samen zu produzieren. Bis zu 20 000 (!) Samenkörnchen wiegen kaum 1 Gramm! Da diese Samen keine Reservestoffe haben, müssen sie zur Keimung eine Symbiose mit bestimmten Pilzen eingehen.

Das Dämmerlicht im Bergregenwald wird durch die schirmförmigen Kronen der bis zu 50 Meter hohen Laubbäume bedingt, von denen oft über 50 Arten auf 1 Hektar vorkommen. Manche bilden feuchtglitschige, mächtige Brettwurzeln, wie die *Slonaea-*Bäume oder die Kapokbäume (*Ceiba-*Arten), über die wir beim Aufstieg mit unseren Gummistiefeln immer wieder stolpern und abrutschen. Die Rinde der Kapokbäume ist mit Stacheln besetzt, und in ihren bananenähnlichen Fruchtkapseln sind die Samen in einer gelblichen „Wolle" eingebettet (daher auch der Name „Wollbaumgewächse"). Von rotleuchtender Pracht sind die Blütenstände des Korallenbaumes (*Erythrina poeppigiana*), der bis über 25 Meter Höhe erreichen kann. Die nur 8–9 Meter hohe Parkinsonie (*Parkinson aculeata*) fällt durch lange, hängende Fiederblätter, die sich in der Nacht zusammenfalten, und durch die leuchtend schwefelgelben Blüten auf. Zwischen dem Wilden Mahagonibaum (*Swietenia mahagoni*), dem Drachenflügelbaum (*Pterocarpus officinalis*) und verschiedenen Arten der Sumachbäume (*Anacardiaceae*) wuchern die Baumstechäpfel, auch als Engelstrompeten oder Tropentrompeten (*Datura-*Arten) bezeichnet, deren bis 30 Zentimeter lange, weiße oder orangerote Blüten wie kleine Trompeten herabhängen. Alle Teile dieser Pflanzen sind giftig und wirken als Narkotikum.

Plötzlich weist unser Begleiter aus der Forstverwaltung auf ein breites „Fließband“ aus Ameisen hin, das von einem Baum zu einem fast 2 Meter hohen Haufen auf dem feuchten, schattigen Waldboden führt. Jede der in langen Reihen ziehenden Arbeiterameisen trägt ein Blattstück dem Bau zu. Es handelt sich um Blattschneider-Ameisen (*Acromyrmex octospinosus*) deren Arbeiter mit Hilfe ihrer Kiefer fein säuberlich Blätter zerschneiden und abtransportieren. Die in den Bau eingetragenen Pflanzenteile werden von den großen Arbeitern zerkaut und zu einem breiigen Gemisch verarbeitet, das zur Herstellung unterirdischer Pilzgärten dient. Bei näherer Untersuchung zeigt sich die zerkaute Blattmasse von zahllosen zarten Myzelfäden eines Pilzes durchsetzt. An der Oberfläche wuchern kleine, rundliche Köpfchen, welche die Form eines „Mini-Kohlrabi“ haben. Sie enthalten vor allem Eiweiß und bilden die einzige Nahrung dieser pilzzüchtenden Ameisen. Durch ihre emsige Tätigkeit können sie in kürzester Zeit einen ganzen Urwaldbaum entlauben.

Typische staatenbildende Urwaldbewohner sind auch die Termiten, z. B. verschiedene *Nasutitermes*-Arten. Mit den Ameisen sind sie nicht näher verwandt, obwohl sie meist fälschlich „Weiße Ameisen“ genannt werden. Ihre Nester liegen teils unter-, teils oberirdisch, auch auf Bäumen. Sie besitzen einen ziemlich weichen, weißlichen Brust- und Hinterleibsabschnitt, aber einen harten gelblichbraunen Kopf mit den Mundwerkzeugen und Fühlern. Die Bewohner des Termitennestes gehören verschiedenen „Kasten“ mit strenger Arbeitsteilung an. Neben dem „König“ und der „Königin“, die für die Produktion der Eier zu sorgen haben, findet man die Masse der „Arbeiter“ und „Krieger“, die keine Nachkommen erzeugen, aber für die Erhaltung des „Staates“ zuständig sind. Die Arbeiter besitzen einen kleinen

Kopf und besorgen die pflanzliche Nahrung; die Krieger haben einen gewaltigen Kopf mit kräftigen Kiefern und dienen der Verteidigung des Termitenstaates. Ihre Bisse sind recht wirksam und vertreiben manchen Feind, der sich reichliche Beute erwartet. Als Nahrung nehmen die Arbeiter, welche auch die Krieger, die Jugendstadien und die eiproduzierenden Geschlechtstiere füttern, hauptsächlich pflanzliche Zellulose auf. In ihrem Darm befinden sich einzellige Geißeltierchen (*Hypermastiginen*-Arten), welche, in Zusammenarbeit mit Bakterien, die Aufschließung der sonst für die Termiten unverdaulichen Zellulose besorgen. Daneben züchten die Termiten mit ihrem Dünger bestimmte Pilze, die an den Pilzfäden in eigentümlichen Zellgruppen, den Ambrosiazellen, eine nahrhafte Kost für die Termitenlarven produzieren.

Eine Vorliebe für Holzstoffe besitzen auch die Larven des Herkuleskäfers (*Dynastes hercules*), eine der größten Käferarten der Welt. Sie bohren vor allem im harten Holz verschiedener Regenwaldbäume, z. B. im Seidenbaum (*Sapium aucuparium*), im Graubaum (*Licania tematensis*) oder im Rotbaum (*Coccoloba swartsii*). Der große, weißliche „Wurm" besitzt am braunschwarzen Kopf kräftige Schneidekiefer. Seine Entwicklung erstreckt sich von 18 Monaten bis zu 2–3 Jahren. Die Puppe liegt in einem Kokon, meist in alten morschen Bäumen, die durch Wirbelstürme oder durch Altersschwäche zusammengefallen sind. Aus ihnen schlüpft ein Käfer, der eine Länge von 10 bis maximal 17 Zentimetern erreicht. Das Männchen trägt am Kopf ein oberes Horn von 9 Zentimetern Länge und einen unteren Fortsatz von 4,5 Zentimetern Länge. Damit transportieren sie nicht nur ihre kleineren Weibchen, sondern tragen auch Kämpfe mit männlichen Rivalen aus.

Unter den Käfern ist noch der Schnellkäfer *Pyrophorus*, der „Lichtträger", zu erwähnen. Auf den Seiten seines Brustschildes befinden sich punktförmige Leuchtorgane, mit denen sich die Geschlechtspartner in der Nacht anlocken. Fallen sie auf den Rücken, so können sie sich mit Hilfe einer dornartigen Verlängerung des Halsschildes emporschnellen, um wieder auf die Beine zu kommen, wobei ein knackendes Geräusch erzeugt wird.

In der Dunkelheit machen sich Baumheuschrecken (*Phanopterinae*) durch lautes Zirpen bemerkbar; tagsüber sind sie schwer zu entdecken, da sie mit ihrer leuchtend grünen Farbe und dem Geäder ihrer Flügeldecken Blätter imitieren.

Die Schmetterlinge des Regenwaldes wie der Monarchfalter (*Danaus plexippus*), der Antillen-Schwalbenschwanz (*Papilio polydama*), der Orion-Fleckenfalter (*Historis odius orion*) oder Vanillefalter (*Agraulis vanillae*) flattern tagsüber nur auf Lichtungen oder hoch oben über den Baumkronen. Viele Arten sind bereits sehr selten geworden, da die Insektizide, die man in der Hügelregion über Plantagen zerstäubt, durch die Windströmungen bis in die Bergwaldregion gelangen und zur Verödung der dortigen Insektenfauna beitragen. Zusätzlich werden schön gefärbte Schmetterlinge gefangen, danach präpariert und gespannt, und so den Touristen als Souvenir angeboten.

Bei unseren Streifzügen machen sich – vor allem bei einfallender Dämmerung – die kleinen, nur 2–3 Zentimeter großen Pfeiffrösche (*Eleutherodactylus*-Arten) durch ihre, an das Zirpen von Grillen erinnernden Pfeiftöne, bemerkbar. Die Männchen locken mit diesem Gesang die Weibchen an, die nach der Begattung ihren Laich, der etwa 20 Eier enthält, am Boden an schattigen, feuchten Stellen auf Pflanzenmaterial ablegen. Die Kaulquappen machen, ohne ins freie

Wasser zu gelangen, eine direkte Entwicklung innerhalb des Eies durch, und nach etwa 13 Tagen schlüpfen 2 Millimeter große Jungfrösche. Die Riesenkröte Aga (*Bufo marinus*) stammt vom amerikanischen Kontinent, wo sie von Südamerika bis Texas und Florida verbreitet ist. Auf den Antilleninseln wurde die bis 25 Zentimeter lange und 12 Zentimeter breite Kröte durch den Menschen eingeführt, um die Schädlinge der Zuckerrohrplantagen zu bekämpfen. Da sie hier kaum natürliche Feinde hat, vermehren sich diese Lurche derart stark, daß sie heute von den Gärten der Küstenorte bis über 1000 Meter Seehöhe im Bergwald häufig anzutreffen sind. Tagsüber sind die Kröten meist versteckt, erst Regen oder die einbrechende Dämmerung lockt sie hervor, um auf Würmer, Nacktschnecken und Insekten Jagd zu machen. Zur Paarungszeit rufen die Männchen mit einem tiefen Triller, und im Chor ist ihr schnarrendes Geräusch weithin hörbar. Der Laich wird in langen Schnüren abgelegt, die Kaulquappen entwickeln sich sowohl im Süß- als auch im Küstenbrackwasser.

Auf den Baumstämmen erregen schlanke, grüne Echsen unsere Aufmerksamkeit. Sie lassen den Beobachter oft sehr nahe heran, wobei die Männchen ihren auffallenden, grünblauen Kehlsack aufblasen, um dem vermeintlichen Feind zu imponieren. Es handelt sich um Vertreter der Anolis, von denen allein auf Guadeloupe elf Arten bzw. Unterarten gefunden werden (z. B. *Anolis marmoratus, Anolis speciosus*). Sie gehören zur Familie der Leguane (*Iguanidae*), deren Vorkommen fast ausschließlich auf das tropische Amerika beschränkt ist (Ausnahmen: Galapagos, Madagaskar, Fidschi). Auf den Inseln der Karibik sind die Anolis im Laufe von Jahrhunderttausenden durch das oben schon erwähnte Islandhopping vom nördlichen Süd- und Mittelamerika eingewandert. Auf den einzelnen Inseln haben sich allmählich eigene Inselarten bzw. -rassen entwickelt. Eine weitere Verschleppung erfolgte in historischer Zeit durch den Menschen mittels Schiffen. So haben diese Echsen auf den einzelnen Inseln bisher unbesetzte ökologische Nischen eingenommen. Sie sind vorzügliche Kletterer und vermögen sich auch auf glatten Stämmen und Felsen zu halten, da ihre mittleren Zehen- und Fingerglieder Haftlamellen besitzen; die schmalen Endglieder tragen spitze, gekrümmte Krallen. Ihre Nahrung besteht aus verschiedenen Kerbtieren, die sie mit schnellen Sprüngen erbeuten. Anolis erreichen Längen von 10–20 Zentimetern und können, wie ein Chamäleon, ihre Hautfarbe wechseln. Die Weibchen vergraben nach der Begattung ihre Eier im Erdboden.

Die großen Leguane wie der Grüne Leguan (*Iguana iguana*) und der nahverwandte Grüne Insel-Leguan (*Iguana delicatissima*) sind in ihren Beständen sehr gefährdet. Auf Basse Terre finden sich die Echsen nur mehr sporadisch an der westlichen Trockenküste, auf Grande Terre im Bois Eusèbe sowie auf den Îles des Saintes und La Désirade. Sie wurden früher wegen ihres schmackhaften Fleisches gejagt, ihr Hauptfeind ist aber der ursprünglich zur Bekämpfung der Rattenplage eingeführte Mungo (*Herpestes ichneumon*). Die Riesenechsen erreichen eine Länge von über 1,5 Metern, wovon fast 1 Meter auf den seitlich zusammengedrückten Schwanz entfällt. Mit ihrem Stachelkamm am Rücken und dem mächtigen Kehlsack erinnern sie im Aussehen an ausgestorbene Saurier! Die Leguane bewegen sich gewandt von Zweig zu Zweig kletternd und vermögen sich, dank ihrer lebhaft grünen Färbung, leicht im Laub zu verstecken. Sie sind gute Schwimmer und suchen gerne tiefere Wasserläufe auf, wobei sie für längere Zeit zu tauchen imstande sind. Sie können auch Meeresarme schwimmend durchqueren und hatten so die Möglichkeit, vom südamerikanischen Festland aus die Inseln zu erreichen. Möglicherweise wurden Leguane auch von den Kariben-Indianern eingeschleppt, da diese noch heute in Guyana Leguane fangen, sie an den Füßen zusammenbinden und als lebenden Proviant auf ihren Meeresfahrten mitnehmen. Es ist wahrscheinlich, daß Leguane bei den früheren Fahrten der Kariben auf den Inseln entkommen sind. Ihre Nahrung besteht hauptsächlich aus Früchten und Blättern, jüngere Leguane fressen zusätzlich Insekten, Würmer und Schnecken. Bei Gefahr blasen die Tiere ihren Kehlsack auf, zischen, fauchen, springen den Gegner an und versuchen sich festzubeißen. Mit dem muskulösen Schwanz vermögen sie heftige, schmerzhafte Schläge auszuteilen. Die Insel-Leguane wurden zwar in den letzten Jahren unter Schutz gestellt, aber immer wieder werden einzelne Exemplare heimlich im Tierhandel angeboten.

Schwer zu entdecken sind die Geckos oder Haftzeher (*Geckonidae*), da ihr Schuppenkleid in Farbe und Struktur der Rinde der Bäume und der Struktur der Felsen angepaßt ist. Die kleinen, nur wenige Zentimeter langen Kugelfingergeckos (*Sphaerodactylus*-Arten) sind mit über sechzig Spezies auf den Karibischen Inseln verbreitet. Auffällig sind ihre großen Nachtaugen, deren Pupille sich im Licht bis auf einen senkrechten Spalt zusammenzieht. Die Finger und Zehen der Geckos sind durch Bindehäute verbunden und tragen an der Unterseite Blattkissen, das sind Verbreiterungen aus häutigen Blättchen, die mit winzig kleinen Kletterhäkchen besetzt sind, welche es den Tieren ermöglichen, an glatten Flächen zu haften und zu laufen. Der aus Afrika stammende Hausgecko (*Hemidactylus mabouia*), der wahrscheinlich mit den

Sklavenschiffen eingeschleppt wurde, vermag sogar an Zimmerdecken zu laufen, um nach Moskitos zu jagen.

Von Guadeloupe sind acht ungiftige Nattern bekannt, wie die 1,5 Meter lange Antillen-Schlanknatter (*Alsophis antillensis*) oder die Julia-Natter (*Dromicus juliae copeae*), deren Beute neben Insekten vor allem Anolis, Geckos, Pfeiffrösche und gelegentlich Jungvögel sind.

Überraschenderweise sind im Bergurwald nur selten Vogellaute zu hören. Gelegentlich huschen Bergtauben (*Geotrygon montana*) und die nur sperlingsgroßen Zwergtauben (*Columbigallina passerina*) durch das Buschwerk der Lichtungen. Von der Ferne ertönt das Gurren der rotäugigen Antillentaube (*Patagioenas squamosa*), eines bleigrauen, scheuen Waldvogels mit rotgefiedertem Hals. Der Bartgimpelfink (*Loxigilla notis*) mit seiner leuchtend roten Kehle, der Schwarzgesichtfink (*Tiaris bicolor*) und der Zuckervogel oder Bananenquit (*Coereba flaveola*) sind Kulturfolger und sind aus den Urwäldern in die futterreiche Nähe des Menschen gefolgt. Die Bananenquits bauen neben dem Hauptnest auch „Spielnester", in denen sie schlafen und sich auch gegen Eindringlinge verteidigen. Ihre Zunge ist gespalten und zu einer Röhre geformt, mit der sie Nektar aufsaugen, nachdem sie größere Blüten mit ihrem spitzen Schnabel angestochen haben. Sie schlürfen auch zerquetschte süße Früchte aus und durchlöchern bei Gelegenheit sogar Zuckertüten oder naschen am Punsch der Kreolen!

Die kleinsten Blütenbesucher sind die metallisch schimmernden Kolibris, die auf Guadeloupe vor allem durch den Granatkolibri (*Eulampis jugularis*), den Schopfkolibri (*Orthorhynchus cristatus*) und den Grünkolibri oder Doktorvogel (*Sericotes holosericus*) vertreten sind. Kolibris sind reine Flieger, berühren kaum den Boden und gaukeln stets von Blüte zu Blüte. Mit ihren langen, spitzen Schnäbeln stehen sie schwirrend vor den Blüten und suchen als Nahrung neben dem Nektar vor allem die blütenbesuchenden Insekten. Viele der einst waldbewohnenden Vogelarten Guadeloupes wie Ara- und Amazonenpapageien, der Guadeloupe-Sittich, die kleine Guadeloupe-Eule oder der Guadeloupe-Zaunkönig wurden im Laufe des 18. Jahrhunderts durch Fang und Zerstörung ihrer Lebensräume ausgerottet.

Alle auf den Kleinen Antillen vorkommenden Säugetiere wurden vom Menschen entweder aktiv eingeführt oder passiv eingeschleppt. Die einzige Ausnahme bilden die Fledermäuse (*Artibus*- und *Myotis*-Arten), die als Flattertiere weite Strecken über dem Meer zurücklegen können und die dem Kontinent vorgelagerten Inseln selbständig besiedeln konnten.

Das Opossum (auch Beutelratte [*Didelphis marsupialis insularis*]), auf Guadeloupe von den Kreolen auch als „Manicou" oder „Sarigue" bezeichnet, führt eine nächtliche Lebensweise und streift oft von den Wäldern bis zu den umliegenden Dörfern, um sich Hühner zu holen. Es wird zwar kaum gejagt, dient aber doch gelegentlich zur Aufbesserung kreolischer Speisen. Es ist ein guter Kletterer und kann tagsüber viele Stunden regungslos, an seinem Greifschwanz hängend, verbringen. Als Beuteltiere bringen sie ihre Jungen in einem nur gering entwickelten Zustand zur Welt. Diese saugen sich dann in einer Hautfalte an den Zitzen des Muttertieres fest.

Die südamerikanischen Goldhasen sind die Vorfahren des Guadeloupe-Aguti (*Dasyprocta noblei*), eines Nagetieres, das die unzugänglichen Wälder in der Nähe von Capesterre bewohnt. Es sind zierlich wirkende, kaninchengroße Tiere mit einem leicht gekrümmten Rücken, langen, dünnen Beinen und einem kurzen Stummelschwanz. Da sie auch heute noch gelegentlich gefangen und gegessen werden, ist anzunehmen, daß ihre Vorfahren von den Indianern mitgebracht worden sind. Später dienten sie den afrikanischen Sklaven als Nahrung. Die Agutis werden von den eingeschleppten Wanderratten (*Rattus norvegicus*) immer mehr verdrängt. Ein Feind beider Nagetiere ist der schon erwähnte, ebenfalls eingeführte Mungo, der auf den meisten Inseln von der Küste bis zu den Regenwäldern haust. Die dicht bewachsenen Regenwälder sind auch der Lebensraum des zu den Kleinbären gehörenden Waschbären (*Procyon minor*), der mit der Florida-Rasse des nordamerikanischen Waschbären (*Procyon lator*) nahe verwandt ist. Der Kleinräuber erreicht eine Länge von 90 Zentimetern, wovon 25 Zentimeter auf den buschigen, graugelben Schwanz entfallen. Der grauschwarze Körperpelz besitzt mehrere schwarzbraune Ringe. Als Allesfresser verzehrt er neben pflanzlicher Nahrung (Früchte und Körner) auch Vögel und ihre Eier, daneben Fische der Bergbäche, Süßwasserkrabben und -garnelen sowie Schnecken. Dabei hat er die Gewohnheit, die Nahrung zunächst ins Wasser zu tauchen und eingehend zu befühlen, sodaß es aussieht, als ob er seine Nahrung „abwasche". Er ist ein geschickter Kletterer, der munter von Ast zu Ast springt und bei Gefahr sein starkes Gebiß bei offenem Maul dem Feind darbietet.

In einer tief eingeschnittenen Urwaldschlucht erinnert uns das dumpfe Rauschen eines nahen Wasserfalles an unsere Sammelarbeit. Wir steigen aber noch eine halbe Stunde weiter bis zum Oberlauf, bis ins Quellgebiet des Urwaldbaches. Besonders eindrucksvoll ist der Ursprung des Rivière Carbet am Steilabsturz des Soufrière. Der „Chute de Carbet" stürzt 120

Meter tief über den Rand eines Kraterbeckens, dessen Felswände von Basalt und Lavablöcken geformt sind. Aus Spalten dringt schwefelhältiges Thermalwasser und mischt sich mit dem kühlen Bergwasser. Wir packen unsere Meßgeräte und Sammelutensilien aus, der Kameramann bringt sein Stativ und die Kamera in Stellung, um unter der Anleitung Dr. Völlenkles einen Schwenk über den Wasserfall zu machen, der wie ein feiner, weißer Schleier die dunklen, steilen Kraterfelsen überzieht. Ich beginne meine seit über dreißig Jahren geübte „Expeditions-Routinearbeit": Messen der Breite und Tiefe des Bachbettes, Begutachten der Form des Untergrundes, Messen der Wassertemperatur mit dem Schöpfthermometer und Feststellen der Fließgeschwindigkeit mit einem Flügelrad. Bei der chemischen Feldanalyse des Bachwassers werden Härte und Wasserstoffionen-Konzentration (pH; ob sauer, neutral oder basisch) bestimmt. Wie immer in vulkanischen Gebieten ist die Reaktion schwach sauer; das Wasser ist mineralsalzarm und die Härte schwankt zwischen 1 Grad und 2 Grad Deutscher Härtegrade. Eine Wasserprobe wird für unser Feldlabor abgefüllt, wo meine Frau die elektrolytische Leitfähigkeit, die Karbonathärte und den Kalziumgehalt bestimmt. Eine zweite Probe entnehmen wir für eine genauere Analyse im Wiener Labor. Die eigentliche Sammelarbeit erfolgt in den verschiedenen Biotopen des Bergbaches. Zuerst in den von Hochwässern ausgeschwemmten Uferbuchten und in den wannenartig vertieften Kolken zwischen den Kaskaden des Sturzbaches, wo die Strömung kaum merkbar ist. Dieser Lebensraum hat fast den Charakter eines Stillwassers, und am Boden haben sich Schlamm, Sand und pflanzliches Faulmaterial abgesetzt. Hier finden sich viele der kleinen Süßwassergarnelen (*Micratya*-Arten), deren seitlich abgeflachter Körper so durchsichtig ist, daß man die inneren Organe erkennen kann. Sie zwängen sich durch die Lückenräume und nehmen – mit den langen Fühlern ununterbrochen tastend – verfaulendes Pflanzen- und Tiermaterial als Nahrung auf.

Über die Wasseroberfläche laufen flink die Bachläufer (*Velia*-Arten). Feine Haarfächer an den Beinen verhindern das Einsinken ins Wasser. Zwischen ihnen flitzen die Taumelkäfer (*Gyretes morio*) blitzschnell im Zick-Zack-Kurs über die Wasseroberfläche, um bei Gefahr ins Wasser abzutauchen. Ihre Augen sind zweigeteilt. Dadurch können sie sowohl über als auch unter Wasser einwandfrei sehen. Mit meinem Sammelsieb erbeute ich neben den Garnelen auch Larven von Schlankjungfern (*Argia concinna*), die lebhaft grün gefärbt sind. Sie sind an ihrer schlanken Körpergestalt und den – für Kleinlibellen-Larven typischen – drei blattförmigen Kiemenanhängen am Ende des Hinterleibes zu erkennen. Mit Hilfe ihrer Fangmaske erbeuten sie kleine Ringelwümer und Zuckmückenlarven. Auf kleinen Steinen im Ufersand kriechen Bachplattwürmer (*Dugesia miltgeni*), die mit einem vorschiebbaren Rüssel ihre Beute erfassen.

Vorsichtig wate ich mit meinen Gummistiefeln zur Bachmitte, wo die Strömung so stark ist, daß das Wasser in Kaskaden über Felsen und Geröll schießt. Man muß aufpassen, um auf den schleimigen, glitschigen Algenüberzügen nicht auszugleiten. Besonders schwierig wird das Aufsammeln an steilabfallenden Felsen, wo das schießende Wasser des Sturzbaches herabbraust. Im Spritzwasser sitzen zahllose kleine, schwarze Käferchen der Gattung *Potamodytes*, die starke Haftkrallen besitzen. Wenn ich versuche, sie mit der Pinzette zu ergreifen, schwirren sie sofort auf, lassen sich ein Stück vom Wasser mittragen, bis sie wieder auf einem Uferstein Halt finden. Am Übergang zwischen dem Spritzwasser und dem Wasserfilm der stärksten Strömung saugen sich die Larven der Lidmücken (*Blephariceridae*) an den Felsuntergrund an. Mit Hilfe von sechs großen Saugnäpfen an ihrer Unterseite vermögen sie sich so stark anzuheften, daß man sie nur mit einem feinen Messer vorsichtig ablösen kann. Sie kriechen ähnlich wie Egel oder Spannerraupen und weiden mit ihren Kiefern den Belag aus Kieselalgen am Felsen ab. Direkt im schießenden Wasser entdecke ich die wurmartigen, schwarzblauen, nur wenige Zentimeter großen Larven der Kriebelmücken (*Simulium tarsale*), die sich mit einer Haftscheibe am Hinterleibsende am Felsuntergrund festsaugen. Sie sitzen oft in großen Dichten von bis zu 500 Tieren pro 1/16 Quadratmeter (!), wobei ihre Körper frei ins fließende Wasser hängen. Vom Kopf ragen schaftartige Seitenteile der Oberlippe weg, die beiderseits je einen großen und zwei kleine Fächer aus feinen, kammartigen Borsten tragen. Sie bilden einen Fangkorb, der aus dem durchströmenden Wasser Algen, Kleinsttiere und ähnliches abfiltriert und der Mundöffnung zuführt. Zwischen ihnen kriechen die flach-stromlinienförmig abgeplatteten Larven der Hakenkäfer (*Elminthidae*-Arten). Am Übergang vom Wasserfall oder den Kaskaden zum treppenartig abgesetzten Kolk finden wir auf den Geröllsteinen die Gehäuse der Netz-Köcherfliegen (*Hydropsychidae*-Arten). Sie heften ihre aus Steinen zusammengesetzten Gehäuse an den Steinuntergrund und spinnen vor dem Eingang ein feines, gegen die Strömung gerichtetes Netz, in dem sich feinstes Treibgut fängt. Von Zeit zu Zeit kriecht die Larve zum Netz und bürstet die abfiltrierte Nahrung zu ihren Mundwerkzeugen.

Besonders häufig sind feine, milchigweiße Gespinste, welche die Unebenheiten der Steinoberflächen wie kleine Höhlungen oder Rinnen überziehen. Sie werden von den Raupen der Wasser-Zünslerfalter (*Pyralidae*, Gattung *Paragyractis*) gesponnen, die, mit fädigen Kiemen atmend, unter dem schützenden Gespinst leben. Zum Verpuppen suchen die Raupen eine größere Vertiefung auf, um sich mit einem hautartigen, gelblichen, ovalen Kokon zu überziehen. Nach der Verwandlung verlassen die geschlechtsreifen, mottenartigen Schmetterlinge das Wasser und leben nachtaktiv in den ufernahen Gebüschen. Mit Hilfe des Lichtfanges mit einer bläulich schimmernden Leuchtstoffröhre konnten wir sie zur wissenschaftlichen Bearbeitung erbeuten. An den Unterseiten der Geröllsteine sitzen die Larven von Eintagsfliegen (*Ephemeroptera*-Arten) und Großlibellen (*Anisoptera*-Arten). Die meisten der gefundenen Spezies erwiesen sich bei der späteren wissenschaftlichen Bearbeitung als neu für die Wissenschaft.

Typische Bewohner der Bergbäche sind Vertreter der kiemenatmenden Kugelschnecken (z. B. *Neritina punctulata*). Mit Hilfe eines verkalkten Deckels kann die Schnecke beim Rückzug ins feste, halbkugelige Gehäuse die Öffnung wie mit einem Haustor verschließen. Eine verwandte Art, *Neritina virginea*, findet sich nur in den Unterläufen der Flüsse und erreicht in ihrem Vorkommen sogar die Brackwasserregion der Mündungen. Sie zeigen eine große Variabilität in der Zeichnung ihrer Schalen – kein einziges Exemplar gleicht in der Musterung einem anderen Individuum! Mit Hilfe ihrer Raspelzunge (Radula) weiden die Schnecken den Algenaufwuchs der Geröllsteine ab.

Unsere französischen Kollegen, die uns bei den Sammelexkursionen begleiten, sind mit einem Elektrofischgerät ausgerüstet. Bei dieser nur für wissenschaftliche Untersuchungen erlaubten Fangmethode wird die „anodische Reaktion“ der Fische (und der großen Süßwasser-Garnelen) auf elektrischen Strom ausgenützt. Diese Tiere werden, aus ihren Schlupfwinkeln heraus oder von ihren Standorten weg, „magnetisch“ angezogen, an der Anode gesammelt, in unmittelbarer Nähe der Elektroden betäubt und mit einem Handnetz gefangen. Die Arten werden bestimmt, fotografiert und nach einiger Zeit, wenn sie aus ihrer Betäubung erwachen, wieder in ihr Element zurückgesetzt. So kann die Verteilung der Fisch- und Garnelenfauna vom Oberlauf des Urwald-Bergbaches bis zur Mündung im Mangrovenbereich studiert werden.

Auf den erdgeschichtlich relativ jungen Vulkaninseln der Karibik entstanden Täler und damit Bach- und Flußläufe im Laufe von Jahrhunderttausenden durch die gestaltende Tätigkeit des abfließenden Regenwassers. Die ökologischen Nischen, die auf den Kontinenten mit Süßwasserfischen besetzt sind, wurden auf diesen Inseln allmählich von Meeresfischen (und Garnelen) eingenommen, die über das Brackwasser der Mündungen flußaufwärts bis in die Bergbachregion aufstiegen. Aus ehemaligen Meeresbewohnern entwickelten sich ans Süßwasser angepaßte Bergbachfische!

Eine Gruppe dieser eingewanderten Fische gehört zur Familie der Grundeln (Familie *Gobiidae*), deren Meeresarten in küstennahen Bereichen leben. Ihre Bauchflossen sind zu einer zwischen den Brustflossen stehenden, länglichen Saugscheibe vereinigt. Diese ermöglicht es den in die Bergbäche eingewanderten *Sicydium*-Arten sich auf Felsen oder Geröllsteinen anzuheften, ohne von der starken Strömung mitgerissen zu werden. Ihr Maul ist unterständig und ihre Lippen messerscharf; sie können damit den Algen-

und Pflanzenaufwuchs mit seinen Kleintieren abschaben. Während diese 10–15 Zentimeter langen Fische in der Regel eine graugrüne Grundfärbung besitzen, sodaß sie vom Untergrund kaum noch zu unterscheiden sind, zeigen die Männchen einer bisher noch unbestimmten Art in der Geschlechtsreife eine leuchtend blaue Färbung.

Der Schildbauch (*Gobiesox cephalus*), dessen Verwandte in der Brandungsregion der Meeresküsten leben, findet sich ausschließlich im schießenden Wasser der Kaskaden, angesaugt an Basaltfelsen oder Geröllsteinen. Gelegentlich sieht man diesen Fisch sogar außerhalb des Wassers sitzen. Durch die Ausbildung eines großen, abgeflachten Kopfes sehen sie von oben betrachtet wie große Kaulquappen aus, weshalb sie die Kreolen auch „têtard" nennen. Bauch- und Brustflossen dienen nicht mehr zum Schwimmen, sondern bilden einen großen Bauchsaugnapf, der mehr als ein Drittel der abgeflachten Unterseite einnimmt. Sie sind außerordentlich aggressiv und attackieren, in ein Aquarium gesetzt, jeden anderen Fisch, der in ihre Nähe kommt. Die Schläfergrundeln (*Eleotridae*) sind in erster Linie Bewohner des Küstenbrackwassers, aber *Eleotris pisonis* und *Dormitator maculatus* besiedeln die Ober- und Mittelläufe der Inselbäche, wo sie als Grundbewohner zwischen Kies und Geröll auf ihre Beute lauern.

Die „Forelle" der Urwald-Bergbäche ist eine aus dem Meer eingewanderte, silbrig glänzende „Süßwasser-Meeräsche" (*Agnostomus monticola*). Der bis 30 Zentimeter lange Fisch steht, mit dem Kopf gegen die Strömung gerichtet, in der Mitte des Bergbaches, ähnlich wie in unseren kalten Bergbächen die Forellen oder die Saiblinge. Er ernährt sich von pflanzlichen Stoffen und Mikroorganismen, die vom Boden aufgenommen werden. Diese Aufnahme besorgt eine Filtervorrichtung, bestehend aus den langen Rechenzähnen der Kiemenbögen und den Schlundknochen. Die Jungfische finden sich – eine „Reminiszenz“ an ihre marinen Vorfahren – im Brackwasserbereich der Mündungen, um später in Schwärmen flußaufwärts zu steigen.

Mit den Fischen gelangen auch Vertreter der Süßwassergarnelen (*Atyidae*, *Palaemonidae*) in unsere Fangnetze. Die kleinen Arten besiedeln den Uferbereich, während sich die größeren Arten tagsüber unter Geröllsteinen und in Felshöhlen verstecken. Sie gehen erst in der Dämmerung auf Futtersuche wie z. B. die Großscheren-Garnele (*Macrobrachium carcinus*), die, als größte Art, eine Länge von 35–40 Zentimetern (ohne Scheren!) erreichen kann. Kein Wunder, daß diesen an Muskulatur reichen Krebstieren eifrig nachgestellt wird. Am Markt erhält man bis zu 100 Francs (ca. 250 Schilling) für 1 Kilogramm. Die Garnelen betreiben Brutpflege, und während der Fortpflanzungszeit zwischen Mai und November tragen die Weibchen einige tausend Eier mit den Beinen des Hinterleibes. Die geschlechtsreifen Tiere wandern zur Fortpflanzung in die Unterläufe der Inselflüsse bis in den Bereich des Brackwassers, da die Larven (die Vorfahren der Süßwasser-Garnelen sind ebenfalls aus dem Meer eingewandert!) bis zum fünften Tag nach dem Schlüpfen Salzwasser brauchen, um sich entwickeln zu können.

Es dauert stets einige Stunden bis wir unsere Beobachtungen, Messungen und Aufsammlungen an einem Probenort abgeschlossen haben.

Beim Überqueren des Passes der Panoramastraße „Route des Deux Mamelles“ in einer Höhe von 762 Metern, gelangt man bei der Abfahrt zur Karibikküste von Basse Terre unvermittelt vom feuchten Bergregenwald in die regenarme Trockenlandschaft der Westflanke der Vulkaninsel. Büsche von kaum 5 Meter Höhe und Kakteen charakterisieren die Abhänge. Nach geringem Regenfall bildet eine kriechende Staude, *Tribulus cistoides*, mit behaarten, gefiederten Blättern einen dichten Teppich aus goldgelben Blüten. Viele der hier wachsenden Sträucher sind Verwandte der Akazie und mit spitzen Dornen bewehrt. Der Divi-Divi Baum (*Caesalpina coriaria*) richtet seinen Wuchs nach der Windrichtung. Er besitzt ein zartes, doppelt gefiedertes Blattwerk, über das sich rotgelbe Blütenstände erheben. Neben der Frucht-Cassie (*Cassia fructicosa*), der *Acacia farresione* und *Haematoxylon campechianum* überragen Baumkakteen (*Cereus*- und *Lemairocereus*-Arten) die harten Sträucher. Als Kakteengewächse sind sie ausgeprägte Wasserspeicherpflanzen (Sukkulenten) mit einer stark verdickten, wasserdichten Oberhaut und einem dichtem Haarkleid. Ausgesprochen selten ist der fast 50 Zentimeter hohe Kugelkaktus (*Melocactus intortus*), der auf den Hauptinseln von Guadeloupe bereits verschwunden ist und nur mehr auf wenigen geschützten Standorten der Nachbarinsel La Désirade und den Îles des Saintes vorkommt. Dort sind sie allerdings durch weidende Schafe und Ziegen, aber auch durch die „Kakteen-Freunde“ unter den Touristen bedroht! Vorsicht ist beim Herumklettern geboten, um sich nicht an den harten, spitzen, bis 2 Meter langen, bedornten Blättern der Agaven (*Agave veta, Agave vivipara*) zu verletzen. Der bis 5 Meter hohe Blütenstand trägt zahlreiche, in Einzeldolden stehende Blüten. Sind die Früchte gereift, stirbt die Pflanze ab, nachdem der unterirdische Stamm vorher zahlreiche Schößlinge getrieben hat.

Die Trockenlandschaft mit ihren langen, regenlosen Perioden (Jahresniederschlag nur 500 Millimeter!) bietet nur wenigen Tieren Lebensmöglichkeit. Dazu gehören einige Arten von Hundertfüßern, Skorpionen, Asseln, Spinnen, Ameisen und Heuschrecken. Trotz dessen Häufigkeit und einer Länge von über 10 Zentimetern ist das Teufelspferd (*Diapherodes gigantea*), eine Gespenst- oder Stabheuschrecke, nicht leicht zu entdecken. Tagsüber hängen diese Insekten stundenlang regungslos, mit ausgestreckten Vorderbeinen im Gestrüpp, um erst in der Nacht aktiv zu werden. Bedächtig werden die beiden langen Vorderbeine wie Greifhände ausgestreckt, langsam folgen die übrigen Beine mit dem Rumpf und dem Hinterkörper nach. Finden sie ein Blatt, so wird es mit den Kiefern gepackt und vom Rand ausgehend allmählich verspeist. Berührt man ein Tier, werden die Beine starr an den Körper gezogen und es fällt „scheintot", wie ein dürrer Zweig, zu Boden. Im Geäst der Dornbüsche hängen die faustgroßen Nester der Dreifarbigen Feldwespe (*Polistes tricolor*). Man kann sich ihr ruhig nähern, da diese Wespenart kaum angreift. Für ihre Brut tragen sie als Nahrung Insekten ein, legen aber auch Honigvorräte an.

Von den Westabhängen des Vulkans La Soufrière geht der Blick frei bis zur Küste der Insel. Am Horizont erkennt man den weißen Gischtstreifen am Außenrand der vorgelagerten Korallenriffe, bei denen unsere Entdeckungsreise ihren Ausgang genommen hat.

DER KOCHENDE SEE – DIE LETZTEN KARIBEN: DOMINICA

„Mit soviel Gepäck können sie unmöglich mit unserer kleinen Maschine mitkommen", stöhnte der Abfertigungsbeamte der LIAT-Fluglinie, die unsere Expedition von Guadeloupe nach Dominica bringen sollte. Zähneknirschend mußten wir unser übergewichtiges Handgepäck, das die Sammelgeräte, Konservierungsflüssigkeiten und die Fotoausrüstung enthielt, zum Hauptgepäck dazulegen und 45 Francs für Übergepäck bezahlen. Die Ausrüstung unseres Filmkameramannes Franz Fehringer (fast 80 Kilogramm!) mußte zum Großteil überhaupt zurückbleiben und wurde mit einem größeren Flugzeug am nächsten Tag nachgeschickt. Als wir die kleine, zweimotorige Propellermaschine bestiegen, die für acht Passagiere Platz bot, verstanden wir die Verzweiflung des Abfertigungsbeamten, der Fehringer noch nachrief: „Das nächste Mal mieten sie sich ein eigenes Flugzeug!" Eine Expedition hat nun einmal etwas mehr Gepäck, als ein Tourist, der mit dem „Island-Hopper" („Inselhüpfer") einen Tagesbesuch auf der Urwaldinsel Dominica macht.

Kameramann Fehringer durfte neben dem Piloten sitzen und filmte (die Kamera durfte er als einziges Handgepäck mitnehmen) den 25minütigen Flug entlang der Ostküste von Basse Terre und über die kleine Insel Marie Galante zur Landepiste Melvill Hall an der Nordostküste von Dominica. Beim Anflug erkannte man deutlich den nach Westen umgelegten Windwuchs der Küstenvegetation, und allmählich stieg am Horizont kulissenartig der nördliche, dicht bewaldete erloschene Vulkankegel des Morne au Diablé (855 Meter) auf.

Die Zollabfertigung war sehr rasch erledigt, denn unser Einladungsschreiben von Chief Forestier Officer C. C. Maximea reduzierte die Einreiseformalitäten auf ein Minimum. Mit Hilfe des Zolloffiziers war auch bald aus der Schar der uns wild gestikulierend umringenden Taxichauffeure der richtige herausgefunden. Sein zwar alter, aber mit riesigem Gepäckraum ausgestatteter amerikanischer Straßenkreuzer war das rechte Gefährt, um uns, samt Gepäck, zu unseren Quartieren im Süden der Insel zu bringen. Man muß dazu auf der einzigen, 63 Kilometer langen Längsstraße (Transinsular Road) die ganze Insel durchqueren, um vom Nordosten in den Südwesten, zur Hauptstadt Roseau, zu gelangen.

Mit einer Gesamtfläche von 750 Quadratkilometern, einer Maximallänge von 43 Kilometern und einer Maximalbreite von 22 Kilometern, umfaßt Dominica kaum zweimal die Fläche von Wien. Als drittgrößte Insel der Kleinen Antillen ist sie bei einer geographischen Lage zwischen 60°14' und 61°30' westlicher Länge und zwischen 15°12' und 15°40' nördlicher Breite die nördlichste der ehemals britischen Windward-Inseln. Die Entfernung von den nächstgelegenen größeren Inseln – Guadeloupe im Norden und Martinique im Süden – beträgt jeweils etwa 50 Kilometer. Die 75 000 Einwohner (deren Zahl etwa jährlich um 2,2 Prozent zunimmt) besiedeln fast ausschließlich Küstengebiete, während das gebirgige Zentralgebiet zum Großteil noch von Urwald bedeckt ist. Die einst heiß umkämpfte Haupt- und Hafenstadt Roseau zählt fast 20 000 Einwohner.

Columbus entdeckte die von Kariben-Indianern bewohnte Insel bei seiner zweiten Reise, am Sonntag, dem 3. November 1493, und benannte sie nach dem lateinischen Namen für Sonntag – „Dominica". Wegen dieses Namens wird die Insel manchesmal mit der Dominikanischen Republik verwechselt, die mit Haiti auf der Insel Hispaniola in den Großen Antillen liegt! Die Kariben wehrten sich über 100 Jahre gegen eine Kolonisierung durch die Europäer. 1627 sandte der englische König Charles I. mehrere Expeditionen aus, um die Insel in britischen Besitz zu nehmen. Sie wurden aber ebenso wie französische Eroberungstruppen von den Kariben entweder vernichtet oder in die Flucht geschlagen. Schließlich unterzeichneten Briten und Franzosen 1784 in Aachen einen Vertrag, in dem sie beschlossen, die Inseln Dominica, St. Vincent, St. Lucia und Tobago den Kariben zu überlassen. Diese Vereinbarung wurde aber bald gebrochen, und in der Mitte des 18. Jahrhunderts begann die Besiedlung der Küsten von Dominica durch französische Siedler. 1763 nahmen die Briten die Insel abermals in Besitz; ihre Garnison wurde 1778 von einem französischen Expeditionsheer überwältigt und erst nach der Seeschlacht bei den Îles des Saintes (1782), bei der eine englische Armada die französische Flotte vernichtete, gelangte Dominica wieder unter die britische Oberhoheit. 1805 gelang es den Franzosen, die Insel zu erobern, aber nach der Zerstörung der Hauptstadt Roseau und ihrer Festung zogen sie, nicht ohne noch vorher von den Briten 12 000 Pfund zu kassieren, endgültig ab. 1898 riefen die Briten die Insel zur Kronkolonie aus, ein Status, der am 1. März 1967 aufgehoben wurde, nachdem Großbritannien die Insel in die Autonomie innerhalb des Commonwealth entließ. 1978 erfolgt die endgültige Unabhängigkeitserklärung, und Dominica wurde Mitglied der Vereinten Nationen. Die Regierung setzt sich aus einem Premierminister und sechs Ministern zusammen, während dem Parlament

21 Abgeordnete angehören. Die Kariben-Indianer, welche Zeugen der Machtkämpfe zwischen Franzosen und Briten waren (immerhin gab es zu Beginn des 18. Jahrhunderts noch mehr als 2000 reinblütige „Caribs“ auf Dominica), nannten die Insel „Waitukubuli“, das heißt etwa „Land der vielen Kämpfe“. Trotz des Vertrages von 1784, der ihnen den Besitz der Insel zusicherte, wurden sie von den europäischen Kolonisten immer weiter zurückgedrängt. Schließlich wurden, wie auch auf allen anderen Karibikinseln, afrikanische Sklaven als Arbeiter „importiert“, deren Nachkommen heute das Gros der Bevölkerung stellen. In geringem Ausmaß kam es zu Vermischungen zwischen europäischen Siedlern und Afrikanern. Die tiefschwarzen bis hellbraunen Créoles sprechen untereinander Patois, einen altfranzösischen Dialekt, der mit afrikanischen (und einigen „indianischen“) Worten durchsetzt ist. Als Amts- und Schulsprache wird, als Reminiszenz an die britische Verwaltung, das Englische verwendet. In der kleinen Hauptstadt Roseau erinnern noch einige Kolonialbauten wie das zu einem Hotel umgestaltete Fort Young, die St. Georgs Church von 1820, die Cathedral of Our Lady of Fair Haven von 1841 und der 1891 begründete Botanische Garten an die britische Herrschaft. Interessant ist, daß die Einteilung der Inselprovinzen nach den Pfarreien erfolgte und trotz der früheren britisch-anglikanischen Verwaltung den starken katholischen Einfluß zeigt, der auf die frühen französischen Siedler zurückgeht.

Wie schon erwähnt, leben auf Dominica in einem Reservat von 16 Quadratkilometern an der Nordostküste noch zirka 500 reinblütige Nachkommen der Insel-Kariben. Bei unseren Sammelfahrten durch die Insel kamen wir dreimal in ihr Siedlungsgebiet. Ihr junger „Chief“, Auguste Irvince, ein kräftig gebauter, noch unverheirateter Mann, empfing uns äußerst freundlich und gab auch die Erlaubnis, im Reservat zu filmen und zu fotografieren. Er erzählte uns, daß im Reservat mit der Hauptansiedlung Salibia heute zwar fast 1500 Menschen leben, zwei Drittel davon aber bereits Mischlinge zwischen Kariben und dunkelhäutigen Kreolen sind. Letztere machen etwa 95 Prozent der Inselbevölkerung aus, und Resignation sowie Mißtrauen der Indianer gegen die Mehrheit lähmen ihre Aktivitäten im zu engen Lebensraum. Daher kämpfen sie (vertreten durch einen Abgeordneten in der Volksvertretung in Roseau) um die Erweiterung des Reservates oder dessen Auflösung – bei Chancengleichheit mit den Schwarzen. „Wir wollen versuchen, unsere alte Indianer-Kultur, soweit es noch möglich ist, zu erhalten", meinte abschließend der junge Chief.

Ihre Vorfahren, die mit Kanus vom nördlichen Südamerika aus die Inseln erreichten, waren, im Gegensatz zu den Arawaks, kriegerisch und wichen weder dem Schwert noch dem Kreuz. Sie waren hellbraun, hochgewachsen und wohlgebaut. In allen Chroniken werden die Kariben als intelligent, stolz und mutig geschildert. Der Körper wurde mit roter Farbe bemalt, die aus den zerstoßenen und gekochten Samen des Annato-Strauches (*Bixa orellana*) stammte und mit Pflanzenöl vermischt wurde. Die Bemalung diente als Schmuck, aber auch zum Schutz gegen Insektenstiche und führte bei den Europäern zur Bezeichnung „Rothäute" für die Indianer. Bei Festen bemalten sich die Kariben Körper und Gesicht mit schwarzen Linien und Kreisen. Sie haben ausgesprochen mongolische Züge: hohe Backenknochen und schlitzförmige Augen. Das lange, schwarze und glatte Haar wurde schulterlang getragen, bei Festzeremonien aber auch zu einem Knoten hochgebunden und mit Papageienfedern geschmückt. Mit ihren bis zu 12 Meter langen Booten war es ihnen möglich, weite Strecken zurücklegen und von Insel zu Insel zu gelangen. Diese Auslegerboote konnten bis zu 50 Mann Besatzung aufnehmen, die mit großen Bogen und vergifteten Pfeilen bewaffnet waren. Einbaum-Auslegerboote, wenn auch von geringerer Größe, werden noch heute von den Dominica-Kariben hergestellt.

Wir hatten bei einem unserer Besuche die Gelegenheit, den Bootsbau zu beobachten, zu fotografieren und zu filmen: Nachdem sie die im angrenzenden Urwald gefällten, 3–5 Meter langen Baumstämme zur Küste transportiert hatten, begann deren Entrindung. Anschließend höhlten die Bootsbauer mit Hacken den Bootsrumpf aus, dann wurde das Restholz mit Feuer herausgebrannt. Mit hobelartigen Werkzeugen wurde das Bootsinnere glattgeschliffen, an der Unterseite der Kiel gemeißelt und ein vorspringender Bug herausgearbeitet. Die schlanken Boote wurden schließlich mit Auslegern versehen, um bei den Fahrten die Stabilisierung auf der Wasseroberfläche zu ermöglichen. Mit diesen Booten betreiben die Kariben Fischfang mittels Legangeln und kleinen Schleppnetzen.

Die auf Pfählen stehenden, einfachen Holzhäuser sind von kleinen, mit tropischen Sträuchern und Blumen bepflanzten Gärten umgeben. Ihnen schließen sich Kokos- und Bananenplantagen sowie Kulturen tropischer Fruchtgewächse an. Ihr Ertrag reicht in der Regel nur für die Familie. Erst in den letzten Jahren gelang es den Kariben größere Bananenplantagen anzulegen und die Ernte in Roseau zu verkaufen. Viele Kariben betreiben als Nebenerwerb das Flechten von Körben, Taschen und Matten aus pflanzlichen Fasern. In kleinen, primitiven Läden am Rande der Küstenstraße, die gelegentlich von den Touristenrundfahrten befahren wird, bieten sie ihre Handwerksprodukte an.

Heute feiern die Insel-Kariben als fromme Christen vor allem die kirchlichen Feste. Ihre Vorfahren und ihre heutigen Verwandten, die noch im südamerikanischen Urwald leben, waren und sind begeisterte Tänzer. Angeführt von einem geistlichen Vortänzer bewegen sie sich zu Trommeln und Rasseln, bis sie in Ekstase fallen. Auf alten Stichen des 17. Jahrhunderts sieht man Schellen an den Fesseln der Tänzer. Vor der Christianisierung glaubten die Kariben, daß sie mehrere Seelen besitzen. Die Seele des Herzens gelangt nach dem Tod in ein erdenähnliches Paradies, wo sie sich mit der Seele der Vorväter vereinigen kann. Die übrigen Seelen verbleibt in den Knochen oder wandern in Bäume, Tiere oder Gegenstände. Man hielt sie für böse Geister, gegen die man sich schützen mußte. Man trocknete die Leichen, verbrannte sie und verzehrte anschließend die Asche vermischt mit pflanzlichen Stoffen. Diese magische Handlung erlaubte es den Kariben ihre Kraft zu erhalten, um das Überleben und den Zusammenhalt des Stammes zu gewährleisten. In bestimmten Ritualen wurden auch die toten und gefangenen Feinde verzehrt, um sich ihren „Mut und ihre Kraft, die sie beim Kampf gezeigt haben“ einzuverleiben. Kein Wunder, daß sich die Spanier, welche Überreste solcher „Mahlzeiten“ zu Gesicht bekamen, entsetzten und diese als Vorwand nahmen, diese „Kannibalen“ auszurotten! Ihre eigentliche Nahrung waren aber Fische, Krebstiere und Insekten, die sie mit einer Soße aus Limonen und zerstoßenem Chili aus ausgehöhlten Krabbenschalen aßen.

Im 18. Jahrhundert liefen als Folge der aufflammenden Freiheitsbewegungen viele Negersklaven den weißen Herren davon und bildeten eigene Kolonien. Sie lagen oft im Kampf mit den Kariben, die die Schwarzen einfingen und wieder zu Sklaven machten. Diese lebten aber, den Bräuchen der Kariben gemäß, frei in deren Häusern und vermischten sich auch mit ihnen. Flüchtende Negersklaven kamen oft freiwillig zu den Indianern und übernahmen deren Lebensweise. Die Nachkommen dieser Indianer-Neger-Vermischung nannte man daher „Schwarze Kariben". Die Zukunft der kleinen Kariben-Gemeinschaft von Dominica gehört ihren Kindern als letzten Rest eines einst mächtigen Volkes.

Neben wenigen Einwohnern europäischer oder asiatischer Herkunft ist die überwiegende Zahl der Bewohner Dominicas von schwarzer Hautfarbe – Nachkommen der aus Afrika hergebrachten Negersklaven. Sie fällten die mächtigen Gummibäume der Urwälder und pflanzten – im Dienste der weißen Siedler – Kaffee, Kakao und Zuckerrohr. Im ungesunden, feuchtheißen Klima war die Sterblichkeit der Sklaven besonders hoch. Allerdings mißrieten auch viele der angelegten Kulturen. Der Großteil der Landgüter machte Bankrott und das Land wurde auf schwarze Kleinbauern aufgeteilt, die auch heute noch, neben den Fischern, den Hauptteil der Bevölkerung stellen. Interessant ist, daß in vielen Kreolenfamilien die Mutter das „Regiment" führt. Überhaupt hat die Ehe – obwohl alle Dominicaner brave Christen sind – nicht die gleiche Stellung wie in Europa. Nur etwa ein Drittel der kreolischen Paare heiraten, da die Eheschließung für die armen Bauern eine zu hohe Geldausgabe bedeutet. So leben sie in einem Konkubinat „auf Treu und Glauben". Vater und Mutter sind auch auf ihre unehelichen Kinder stolz, und der Bevölkerungszuwachs zählt zu den höchsten auf den Antillen. Mehr als die Hälfte der Einwohner ist jünger als

20 Jahre! Die Vertreter der Kirchen (90 Prozent der Bevölkerung sind katholisch) versuchen zwar, die Institution der Ehe zu propagieren, aber die althergebrachten Sitten sind noch immer mächtiger. Seit der Erlangung der Unabhängigkeit versucht die Regierung Möglichkeiten zu entwickeln, um der Bevölkerung einen besseren Lebensstandard zu verschaffen. Allerdings ist bisher allen Bemühungen nur wenig Erfolg beschieden gewesen. Weder mit Kaffee oder Kakao noch mit den Grapefruit oder Avocados kann die kleine Insel mit den Konkurrenten in Mittel- und Südamerika mithalten. Auch mit Bananen und Kokosfrüchten läßt sich bei den fehlenden Geschäftsverbindungen, die sich in den Händen großer, ausländischer Konzerne befinden, und infolge der unterentwickelten Vermarktungsstrukturen kein großes Geschäft machen. Der Fremdenverkehr leidet unter der Konkurrenz der umliegenden Inseln Guadeloupe, Martinique, St. Lucia oder Barbados. England, die frühere Kolonialmacht, hat nach ihrem Abzug keine Lust mehr, zu investieren. Zwei Parteien konkurrieren miteinander, die Freedom Party, die in der Hauptstadt Roseau dominiert, und die Labour Party, die mehr die ländlichen Interessen vertritt. Proteste, Streiks und Unruhen wechselten einander in den letzten Jahren ab, ein Umstand, der sich auf die Wirtschaft nicht gerade stabilisierend auswirkte.

Die Nord-Süd-Achse der Insel wird von drei Vulkanmassiven gebildet, wobei der älteste, längst erloschene Vulkan der 855 Meter hohe Morne au Diablé im Süden durch einen Höhenrücken mit dem Morne Diablotin verbunden ist, der mit 1 430 Metern die höchste Erhebung des Eilandes darstellt. Zwischen ihm und den Trois Pitons (1 395 Meter) erstreckt sich ein stark zerklüftetes Zentralplateau, das der River Layou entwässert. Das südliche, jüngste System von erloschenen Vulkanen, der Morne Macaque mit 1215 Metern, der Morne Watt mit 1212 Metern und der Morne Anglais mit 1116 Metern umgibt die aktiven Dampfquellen (Fumarolen) und Schwefel-Thermalquellen im Valley of Desolation („Tal der Zerstörung") und dem Boiling Lake, dem zweitgrößten „Kochenden See" der Welt in einem Krater.

Dem Vulkanismus entsprechend sind die Böden, eine der Grundlagen für die üppige tropische Urwaldvegetation, ausgebildet: Im Norden dominieren die Red Clays (oder Latosols; zu Deutsch: „Rot-Tone"), die im zentralen Inselgebiet und im Nordwesten von Andesiten und Basalten aus dem Paläozän (vor 60 bis 55 Millionen Jahren) durchsetzt sind. In Gebieten mit extrem hohen Niederschlägen (6–10 Meter pro Jahr!), im Bergregenwald, repräsentieren farbige Tone den älteren, reifen Bodentyp. Er ist stark ausgelaugt, wenig durchlüftet und zeigt saure Reaktion als Ergebnis des rasch erfolgenden Stoffumsatzes. In diesen Gebieten sind kaum Plantagen anzutreffen. In den mehr rezenten vulkanischen Gebieten des Morne Diablotin, des River Layou-Systems und im Süden, im Bereich der Trois Pitons, dominieren lehmige, gelbe und braune Böden. Sie werden stark entwässert, weisen keine Felsfragmente auf und ermöglichen den Pflanzen eine tiefe Verwurzelung. Die braunen Böden enthalten häufig steinige Tone und sind äußerst fruchtbar. Sie stellen das Optimum für den Regenurwald dar und geben nach seiner Rodung gute Plantagenböden. Am Nordhang der Trois Pitons findet sich ein Berg-Podsol, ein seichter, steinloser Ton, der von undurchlässigen Schichten unterlegt ist, sodaß die Bodenentwicklung sehr gehemmt ist. In den Küstentälern bildeten sich reiche Flußablagerungen von Böden aus dem Alluvium (vor 500 000 Jahren), auf denen sich, obwohl sie nur 2 Prozent der

Inseloberfläche ausmachen, die meisten Plantagen ausbreiten.

Auf Dominica entwässern, einer alten Überlieferung zufolge, 365 Bäche und Flüsse (für jeden Tag des Jahres ein Fließwasser!) das Innere der Insel. Der große Anteil an Primär-Regenurwald und die enormen Wasserreserven veranlaßte die amerikanische Conservation-Foundation, der Regierung von Dominica die Schaffung eines Nationalparks und eines Wasserreserve-Systems vorzuschlagen. Dieses Projekt konnte in Zusammenarbeit mit dem Department of Forestry („Forstverwaltung") zum Großteil bereits verwirklicht werden. Ungefähr 55,5 Quadratkilometer erklärte die Regierung zum Schutzgebiet. Davon wurden 6,25 Quadratkilometer von privater Seite gewidmet, der Rest war staatliches Kronland. Als Urwaldreserve sind fast 30 Quadratkilometer geschützt; in der Endphase sollen 80–85 Quadratkilometer den Dominica-Nationalpark bilden – das wäre mehr als 1/10 der Gesamtfläche der Insel!

Gravierende Rückschläge brachten am 29. August 1979 der Wirbelsturm „David", der mit 270 Stundenkilometern über die Insel brauste, und die Ausläufer des ihm am 1. September 1979 folgenden Wirbelsturmes „Fréderic", welche sintflutartige Regengüsse brachten. Nicht genug damit, zog ein Jahr später, 1980, erneut ein Wirbelsturm, „Ellen" benannt, über die Insel hinweg. Die Folge war, daß neben hunderten Toten, zerstörten Dörfern und enormen Schäden in Roseau auch ein Großteil der Urwälder entlaubt und fast alle Plantagen vernichtet wurden. Im Südwesten der Insel waren 60 Prozent der Oberfläche verwüstet, in den dortigen Wäldern etwa 70 Prozent der Bäume entlaubt, geknickt oder entwurzelt! An der Westküste lagen ganze Palmenplantagen kreuz und quer am Boden, Häuser und Kirchen besaßen keine Dächer mehr und das Mauerwerk war schwer beschädigt oder unterspült. Die Stürme verwehten auch ganze Vogelzüge und verfrachteten sie bis Guadeloupe. Straßen und Wege waren durch Erdrutsche und Vermurungen blockiert und unpassierbar geworden; es dauerte Wochen, bis zumindest ein kleiner Teil des Straßennetzes wieder notdürftig befahrbar war, da für diese Arbeiten nur zwei Caterpillar zur Verfügung standen. In den ersten Tagen nach den Stürmen wurde die Hauptstadt von venezolanischen und amerikanischen Hubschraubern notdürftig mit Lebensmitteln versorgt. Die zahlreichen Wasserläufe waren durch die Muren verschmutzt, und dadurch war auch das Trinkwasser ungenießbar.

Tropische Wirbelstürme (Hurrikane, Zyklone oder Taifune) entstehen in Meeresgebieten mit hoher Temperatur, hoher Luftfeuchtigkeit und instabiler Schichtung. Dies trifft im Westatlantik in der Zeit zwischen Juli und August zu, wenn die äquatorialen Windsysteme am weitesten polwärts reichen und sich die Meeresoberfläche auf 28 bis 29 Grad Celsius erwärmt. Ein Zyklon, dessen Windgeschwindigkeiten bis über 200 Stundenkilometer erreichen können, besitzt in der Regel einen Durchmesser von 400–800 Kilometer, wobei die äußere Luftmasse rasch um ein Zentrum mit absteigender Luft rotiert. Hier, im „Auge" des Wirbelsturmes, finden sich kaum Wolken, und die Windgeschwindigkeit ist sehr gering. Im Zuge seiner Wanderung erreicht der Zyklon die Küsten der Inseln und des Kontinents. Die aufgepeitschten Wogen überfluten die Ufer, heftige Regengüsse lassen Bäche und Flüsse zu reißenden Strömen anschwellen. Die Schiffahrt wird durch hochgetürmte Kreuzsee, die Luftfahrt durch die Böigkeit des Sturmes gefährdet. Ein Zyklon wandert mit 15 Kilometern in der Stunde vom Atlantik nach

West-Süd-West, wobei 24–36 Stunden nach dem Erreichen des Festlandes die Windstärke allmählich nachläßt. Die Wirbelstürme werden mit Mädchennamen (neuerdings auch mit männlichen Namen) bezeichnet und zwar in der Folge des Alphabets, jedes Jahr beginnend mit „A“. Obwohl man heute Warndienste mit modernsten Hilfsmitteln (Satellitenbilder, Verfolgung des Wirbelsturmes mit Radar, Wetterflugzeuge) eingerichtet hat, können doch die Verwüstungen nicht verhindert werden.

Während der Wiederaufbau der menschlichen Siedlungen und vor allem der für ihren Lebensunterhalt notwendigen Plantagen Jahre in Anspruch nimmt, regeneriert sich die Natur relativ rasch. Bei unseren Sammelfahrten gelangte unsere Expeditionsgruppe, begleitet von den ortskundigen Rangern der Forstverwaltung, immer wieder in die jungfräulichen Urwaldgebiete des Reservates, um in den Quellbächen und Oberläufen der Flüsse Untersuchungen durchzuführen. Ein sechsstündiger Marsch, der von unserem Filmteam – Kamermann Franz Fehringer und Dr. Walter Völlenkle – auf Zelluloid gebannt wurde, ging über die Urwaldpfade an den Abhängen des Morne Macaque und des Morne Watt. Der durch die häufigen Regengüsse aufgeweichte Urwaldboden ließ uns immer wieder knöcheltief einsinken. Zu beiden Seiten ragte der grüne Dom weit über unsere Köpfe.

Der Carapite-Baum (*Amanoa caribea*) illustriert deutlich die oberflächliche Lage des weit ausgebreiteten Wurzelsystems, in dem man leicht mit den Gummistiefeln hängenbleibt. An einem Teufelsbaum (*Licania ternatensis*) entdeckten wir Epiphyten (Aufwuchspflanzen) wie z. B. den Kaklin (*Clusia plukenetii*), dessen Wurzeln den Stamm des Wirtsbaumes bis zum Boden umgreifen. Daneben fanden wir

Schwanzblumen (*Anthurium*-Arten) und verschiedene Bromelien aus der Familie der Ananasgewächse. Andere Urwaldbäume (es gibt über 60 Baumarten auf Dominica!), die uns die Ranger während des Aufstieges zeigten, waren *Tapura antillana* mit schmalen Kammlinien am Stamm und der Tintenbaum (*Palicourea crocea*), der seinen Namen von der tintenartigen Flüssigkeit in seinen leuchtendblauen Beerenfrüchten bekam. Im Dämmerlicht des Unterwuchses wuchert die buschartige *Cephaelis swartzii* mit blauen, wachsartigen Blüten. Besonders eindrucksvoll waren die riesigen, bis 30 Meter hohen Gummibäume wie *Dacroydes excelsa* mit seinem ebenmäßigen, geraden Stammteil, aber auch der Streifenbaum (*Richeria grandis*). Ein Verwandter der Kastanien, *Slonaea truncata*, fiel uns vor allem durch seinen weiten, pfeilerartigen Stamm auf, neben dem häufig der mächtige Flußbaum (*Chimarris cymosa*) emporwuchs. Weitere Bäume des Dominica-Regenwaldes sind der Weißholzbaum (*Simarouaba amara*), der Weiße Manglier (*Symphonia globulifera*) mit breiten Stelzenwurzeln und der Balate (*Oxythece pallida*), dessen Wurzeln sich, ähnlich wie beim Carapite, weit verzweigen.

Als wir in Höhen über 800 Meter gelangten, begannen die 3–5 Meter hohen Baumfarne zu dominieren, darunter die Arten der Gattungen *Hemitelia* und *Cyathea*, deren Farnblätter sich schirmartig ausbreiten. Groß war an den feuchten Stämmen die Vielfalt der bunten Holzschwämme, der Moose und der Flechten, wobei letztere in den nebeligen Bergwäldern wie lange, graue Bärte von den triefend nassen Ästen hängen.

Die Stille unter dem grünen Blätterdach war bedrückend. Sie wurde nur von langsam vorgetragenen, auf- und absteigenden Reihen von drei bis vier Flötentönen, die an die Klänge einer Glasharmonika erinnerten, unterbrochen. Es waren die Lockrufe des Bartklarino (*Myadestes genibarbis*), den die Kreolen den „Sileur Montagne“ nennen. Nur selten konnte man im Blätterdach andere Vögel ausmachen, wie die Rotfußdrossel (*Merula plumbea*), die Antillen-Drossel (*Planesticus lherminieri*), den Zuckervogel oder Bananenquit (*Coereba flaveola*), die Bergtaube (*Geotrygon montana*), die Laubsänger (*Vireo*-Arten) mit ihrem hakenförmig gebogenen Schnabel und den Dominica-Zaunkönig (*Troglodytes musculus*).

Die Glattschnabel-Ani (*Crotophaga ani*) aus der Familie der Madenkuckucke bauen Gemeinschaftsnester, an denen sich bis zu 20 Vögel beteiligen und in denen bis zu 30 Eier liegen. Nach 10 Tagen schlüpfen die Jungvögel, wobei die älteren unter ihnen beim Füttern der später geschlüpften, jüngeren Geschwister mithelfen! Im schwerfälligen Gleitflug besuchen die ausgewachsenen Vögel gerne die Bergbäche, um zu baden.

Gelegentlich passierten wir Lichtungen und hatten dort das Glück, die „Zwerge“ der Vogelwelt beobachten zu können, wie den Zweifarben- oder Schopfkolibri (*Cyanophaia bicolor*), wegen seiner blauschimmernden Farben von den Kreolen als „Frou Frou Bleu“ bezeichnet, oder den Granat- oder Purpurkehlenkolibri (*Eulampis jugularis*). Mit zitternden Flügeln standen sie vor den Blütenkelchen, um sich mit ihren langen, dünnen, gebogenen Schnäbeln Nektar und Insekten zu holen.

Die Vogelfauna Dominicas besitzt als besondere Kostbarkeit zwei endemische (das heißt nur auf dieser Insel vorkommende) Papageien-Arten, deren Bestände allerdings sehr gefährdet sind. Der Sisserou oder die Kaiseramazone (*Amazona imperialis*) findet sich sogar im Wappen der jungen Inselrepublik. Ihr Bestand wird durch die jährlichen Zählungen durch das International Council for Bird Conservation überwacht. 1975 gab es noch ungefähr 150 Exemplare, hauptsächlich in den Wäldern des Nordens. Durch die Verwüstungen der Wirbelstürme wurde ihre Zahl auf etwa 50 (!) freilebende Exemplare reduziert. Teilweise geht ihre drastische Reduktion auch auf die – verbotene (!) – Jagd zurück. Skrupellose Vogelfänger erbeuten sie meist durch das sogenannt „Wing-shooting". Dabei werden die Flügel angeschossen und dann die flugunfähigen Vögel gefangen und illegal in den Vogelhandel gebracht, wobei in den USA und in der BRD bis zu 3000 (?) US-Dollar für einen Vogel bezahlt werden! Die Vögel erreichen eine Körpergröße von 45 Zentimetern, ihr Federkleid schimmert blaugrün, ihre Nester werden in Baumhöhlen angelegt; als natürliche Feinde gelten neben dem Opossum oder Manicou (*Didelphis marsupialis insularis*) die Perlaugen-Spottdrosseln (*Margarops fuscatus*) und die Dominica- oder Hundskopf-Boa (*Boa constrictor nebulosa*).

Etwas häufiger ist die Rothals-Amazone (*Amazona arausiaca*), die ebenfalls nur auf Dominica lebt. Ihr Bestand wurde 1975 auf zirka 350 Individuen geschätzt, die derzeitige Population soll nur mehr 250 Vögel umfassen. Von gleicher Größe wie der Sisserou, zieren den Kopf der Amazone um die rotbraunen Augen wachsende blaue Federn, die gegen den Rücken in ein helles Grün übergehen, während der Nacken mit einem rötlichorangen Band geschmückt ist. Flügel und Bauchseite sind lebhaft grün gefiedert, unterbrochen von roten und schwarzen Flecken an den Spitzen.

Aus der Familie der Fleckenfalter leben auf Dominica einige selten Arten, z. B. *Agraulis vanillae* und *Dryas julia dominicana*. Als Tagfalter lieben sie sonnige Biotope an Waldrändern und Lichtungen, wo sie eifrige Blütenbesucher sind. Die artenreiche Familie der Eulenfalter (*Noctuidae*), deren Vertreter (z. B. *Eripus odora*) in der Dämmerung dahinfliegen, erinnern durch ihre Größe und ihr düsteres Aussehen stark an Fledermäuse. Tagsüber sitzen die Falter auf den Rinden der Urwaldbäume und sind vom Untergrund kaum zu unterscheiden.

Neben dem bereits erwähnten Sisserou, der Kaiseramazone, findet man im Wappen von Dominica auch eine Palme, eine Bananenpflanze, einen Kariben-Einbaum mit Segel und – einen Frosch. Der Crapaud oder Dominica-Riesenfrosch (*Leptodactylus fallax*) erreicht eine Länge von 15 Zentimetern und ist auf Dominica endemisch. Das Fleisch dieses Frosches wurde als besondere Delikatesse geschätzt, sodaß durch die starke Verfolgung die Tiere immer seltener wurden und lokal und international unter Schutz gestellt werden mußten. Das „Mountain Chicken" („Berghühnchen"), wie der Frosch wegen des gakkernden Rufes der Männchen auch genannt wird, sitzt tagsüber versteckt unter Steinen und in Höhlungen, um erst in der Dämmerung auf Nahrungssuche zu gehen. Das Weibchen legt 20 Eier in eine Schaummasse, in der sich die Kaulquappen entwikkeln, wobei sie sich ausschließlich vom Eidotter ernähren. Die Elterntiere bewachen das Schaumnest bis zum Schlüpfen der Jungfrösche. Bis 1890 lebte der Frosch auch auf Martinique, wo er nach der Einfuhr des Mungos verschwand. Noch Père Labat, der Chronist der Französischen Antillen, schätzte das „weiße, delikate" Fleisch der „Crapaud des Antilles" („Antillenkröte"). Auch Moreau des Jonnes berichtet in seinen Kriegserinnerungen von 1858 vom „köstlichen Fleisch der Frösche", die ihm ein Negersklave gesammelt hatte!

Da auf Dominica keine Mungos ausgesetzt wurden,

konnte sich auf der Insel auch ein Vertreter der Schienen- oder Teju-Echsen (*Teiidae*) erhalten: die Dunkel-Ameiva (*Ameiva fuscata*). Ihr dunkelgrünes Schuppenkleid erinnert an unsere Smaragdeidechse, nur der Kopf ist wesentlich schlanker.

Neben Skinken (*Mabuja mabuja*), Geckos (*Thecadactylus rapicauda* und kleine *Sphaerodactylus*-Arten) und Anolis (*Anolis*-Arten) findet man gelegentlich auch noch den Insel-Leguan (*Iguana delicatissima*). Wir sahen allerdings nur ein gefangenes Tier, das Kreolenkinder mit einer Schnur um den Hals herumschleppten.

Wildlebende Säugetiere sind in den Bergwäldern Dominicas selten. Das langbeinige Gold-Aguti (*Dasyprocta aguti*), ein dem Meerschweinchen verwandtes Nagetier, wird gelegentlich gejagt, ebenso das Opossum (*Didelphis marsupialis*) und das von den Europäern eingeführte Wildschwein. Die Fledermäuse, die mit 13 Arten vertreten sind, haben ihre Schlafplätze meist in Höhlen. Zu ihnen zählt die Schwarze Dominica-Zwergfledermaus (*Myotis nigricans dominicensis*), die mit nur wenigen Zentimetern Körperlänge eine der kleinsten Fledermäuse der Welt ist!

Nach der Durchquerung eines Schluchttales und dem Aufstieg auf den steilen Rücken eines erloschenen Kraters kühlte uns beim Abstieg ins Valley of Desolation („Tal der Verwüstung“) ein kalter, nebelfeuchter Höhenwind die schweißnasse Haut. Mit dem Wind wurde uns auch der Schwefelgeruch der Thermal- und Dampfquellen (Fumarolen) zugeweht. Der Dampf der Schwefelquellen und die herabhängenden Nebel der über 1000 Meter hohen Gipfelregionen vermischten sich zu einem grauen Schleier, der an den feuchten Kraterrändern entlangzog. Als wir den Talboden – mehr rutschend als gehend –

erreichten, glaubten wir, am Eingang zur Unterwelt zu stehen. Der enge Pfad wand sich zwischen kleinen, dampfenden Kraterlöchern hin, aus denen schwefelgelbe, rötliche und grauschwarze Flüssigkeiten quollen. Die Ranger machten uns aufmerksam, ihren Fußspuren zu folgen, denn einige Schritte daneben steht man bereits auf heißem Untergrund oder sinkt überhaupt in weiche, dampfende Erde ein. Fast täglich ändert sich hier die Gestalt der Oberfläche: Krater stürzen ein, neue Löcher öffnen sich.

„Dieses Kraterfeld war vor einer Woche noch nicht hier", deutete John, unser Chief-Ranger, auf einen brodelnden Schlund, aus dem eine graue, kochende Schlamm-Masse drang. Wenn für kurze Zeit die Sonne zwischen Nebel und Dampf durchdringen konnte, leuchteten die umliegenden Felsen und Sinterablagerungen in allen Farben auf.

Auch die abfließenden Warmbäche waren bunt getönt: Blaugrüne Algen (*Cyanophycea*) bildeten gallertige Überzüge und kontrastierten zu leuchtend gelben Schwefelbakterien und dunkelroten Eisenocker-Ausfällungen. Wir entnahmen Wasserproben, konservierten Algenüberzüge und fanden bei etwa 40 Grad Celsius Wassertemperatur eine Tierart: die rotgefärbten Larven von Zuckmücken (*Chironomus*)! Mit Hilfe des Farbstoffes Hämoglobin in ihrer Körperflüssigkeit können sie den geringen Sauerstoffgehalt des warmen Wassers ausnützen; pflanzliche Nahrung steht in genügender Menge zur Verfügung. Beim Abkühlen des Thermalwassers in tieferen Lagen auf etwa 25 Grad Celsius bekommen die Zuckmückenlarven auch Feinde, nämlich die Larven von Großlibellen (*Anisoptera*), die sich hier ausschließlich von den Jugendstadien der Zuckmücken ernähren. Sie fangen ihre Beute mit einer vorschnellbaren Fangmaske. Durch das Ausstoßen des Wassers aus dem Enddarm schwimmen sie mit diesem „Raketenantrieb“ blitzschnell über die schlammige Bachoberfläche. Die erwachsenen Libellen mit ihren glasklaren, geäderten Flügeln und blaugrün schillernden Körperfarben fliegen am Ufer der Warmbäche. Wie die Larven, sind sie geschickte Räuber, die ihre Beute im Flug fangen.

Unser Pfad wand sich bis ans Ende des Thermalfeldes und führte noch über zwei waldbedeckte Hügelrücken, wobei wir immer wieder von heftigen, kurzen Regengüssen durchnäßt wurden. Unsere Gruppe hatte nun fast 1 200 Meter an Höhe erreicht, und eine mächtige Dampfwolke markierte das Ziel unseres Marsches: den Boiling Lake („Kochender See“). Vor unseren Augen dehnte sich ein tiefer Krater aus, dessen braunrote Wände senkrecht abstürzten. Nur selten gab der aufsteigende Dampf, von einer Windbö erfaßt, die brodelnde Oberfläche des Sees frei. Mit einem Durchmesser von 90 Metern ist er der zweitgrößte kochende See der Welt (der größte befindet sich auf der Nordinsel von Neuseeland bei Rotorua). Durch eine enge Schlucht fließt aus der Gipfelregion ein Kaltbach ein, während der Abfluß des Kratersees noch eine längere Strecke heißes Wasser mitführt, bis sich auch dieses allmählich abkühlt.

Als wir mit unseren kreolischen Rangern am Rande des Kraters saßen, bekamen wir fast das Gefühl, am Beginn der Entstehung der Erde zu sein. Unsere kreolischen Freunde begannen, uns von ihren Mythen und Legenden zu erzählen:

„In den Vorzeiten der Welt existierten nur das Karibische Meer und ein Riesenbaum auf einem erloschenen Vulkan. Auf dem Baum befanden sich viele bunte Früchte, die gleich Juwelen waren. Ein Wirbelsturm fegte die Juwelenfrüchte ins Meer, wo sie lange herumtrieben und schließlich zu Inseln wurden. Ihnen gab der ‚Höchste Geist' Namen: Trinidad, Tobago, Jamaika, Dominica, Martinique, Grenada usw. Schließlich kamen die Indianer – die Arawaks und die Kariben –, die sich gegenseitig töteten. Aber ihre Enkel und Urenkel wurden friedlich, sie wurden Fischer und Bauern, und ihre wichtigsten Früchte – das Korn, das Zuckerrohr und die goldenen Tropenfrüchte – leuchten noch heute wie die Juwelen des Urbaumes. Manchmal schickt der ‚Geist' wieder einen Wirbelsturm, aber die Inseln können nicht ins Meer fallen; wenn die Sonne wieder scheint, beginnen die Menschen neuerlich zu pflanzen und zu ernten.

Die Kokospalme hat ihren eigenen Geist und spendet – wie eine Mutter – Leben und Nahrung. Dies wußte ein alter Mann, der einen Kokosbaum besaß, der ihm nicht nur Nahrung und Trank, sondern auch seine Blätter zum Decken des Daches gab. Eines Tages zerstörte ein Blitz seine Palme. Diese war aber ein Zauberbaum – am nächsten Morgen stand sie wieder – größer und fruchtbarer als je zuvor – vor der Hütte. Nur ein böser Zwerg des Dorfes neidete dem alten Mann den fruchtbaren Baum. Er wollte ihn stehlen, aber die Kokospalme verschwand. An ihrer Stelle hing eine Axt vom Himmel, die auf den neidischen Zwerg fiel und ihn tötete. Plötzlich stand der Zauberbaum wieder vor der Hütte und ein schönes Mädchen trat aus der Palme. Sie war der Geist des Baumes und nannte sich ‚Dankbarkeit'. Die Kokospalme war dankbar für die liebevolle Pflege durch den alten Mann. ‚Ihr Menschen glaubt, daß wir Pflanzen keine Gefühle haben. Aber auch wir brauchen – wie die Menschen – Wasser, Liebe, Sorgfalt und Pflege!', sagte der Geist der Kokospalme. Deshalb nennt man auf allen Inseln der Karibik unsere Nüsse die ‚Früchte der Dankbarkeit'.

Das Zuckerrohr ist Segen und Fluch der Inseln. Es wollte einmal mit der Reispflanze Freundschaft schließen, aber der Reis wies dieses Ansinnen zurück, denn das Zuckerrohr wird ausgepreßt und aus seinem Saft wird Rum gewonnen. Dieser macht aus weisen Männern in Kürze dumme Narren. Der Reis aber bleibt Reis, ob am Feld oder im Kochtopf.

Wir Kreolen nennen die Banane die ‚Frucht der weisen Männer'. Diese Bezeichnung geht auf die Inder zurück, die auch unsere Inseln besiedelt haben. Lange vor Christi Geburt hatten sie einen Tempel in Ostindien, auf dem Bananen aus Stein gemeißelt waren. Die weisen und alten Männer saßen unter den Bananenstauden und delektierten sich an den süßen Früchten. Danach meditierten sie über den Sinn der Welt. In ihren Schriften überlieferten sie ihre Erkenntnisse ihren Nachkommen, von denen einige auch unsere Inseln erreichten. Sie wußten, daß die Bananen alles Gute aus dem Erdboden saugen und man nur weise wird, wenn man sie sorgsam behandelt. Man muß sie grün pflücken und langsam reifen lassen. Dann können wir im Schatten der Blätter die Früchte genießen und ruhen wie die alten Weisen im fernen Ostindien."

Wir genossen nachdenklich die Bananen aus unserem Exkursionsproviant als wir am Rande des Kratersees saßen und den Erzählungen unserer kreolischen Ranger zuhörten. Durchnäßt und ermüdet erreichten wir nach mehrstündigem Rückmarsch knapp vor Sonnenuntergang unseren Ausgangspunkt beim Dorf Laudat, wo bereits unsere Transportfahrzeuge warteten, um uns zu unseren Unterkünften zu bringen. Der anstrengende Marsch blieb uns noch tagelang in Form eines schmerzhaften Muskelkaters in Erinnerung.

Im Zuge unserer Sammelarbeiten in den felsigen

Urwaldgebieten erlebte unser Kameramann Franz Fehringer ein böses Abenteuer, das letzten Endes doch noch gut ausging: Wir arbeiteten in den Abflüssen der Trafalgar-Falls, zweier Wasserfälle, die östlich von Roseau aus fast 100 Meter Höhe in ein tief eingeschnittenes Waldtal stürzen. Der eine Wasserfall, der nur über riesige Lavageröllblöcke zu erreichen ist, steht unter dem Einfluß von Thermalquellen und führt milchig-trübes Wasser, während der zweite, der Hauptwasserfall, durch einen Zufahrtsweg auch für Touristen erreichbar, klares Wasser erhält. In ihm entdeckten wir eine leuchtend blau gefärbte Sauggrundel (eine *Sicydium*-Art), die an Geröllsteinen angeheftet war und den Algenaufwuchs mit kleinen Insektenlarven abweidete. Nachdem wir unsere Aufsammlungen und Wasserproben entnommen sowie die Biotopfotos gemacht hatten, begannen wir mit dem Abstieg. Unser Kamermann hatte unterdessen verschiedene Filmeinstellungen von den imposanten Wasserkaskaden gedreht und wollte noch einen „Gegenschuß" vom Absturz des Falles machen. Dazu war der späte Nachmittag besonders geeignet, da das Sonnenlicht direkt in die Wasserfontänen fiel und kleine Regenbogen hervorzauberte. So blieben Kameramann Fehringer und Dr. Völlenkle zurück, während wir mit unserer Ausbeute ins Quartier fuhren. Etwa eine Stunde später, als wir bereits zum Abendessen gehen wollten, rief uns eine Kellnerin unseres Hotels zum Telefon. Aufgeregt teilte Dr. Völlenkle mit, daß Kamermann Fehringer noch immer nicht aus der Felswand zurückgekehrt sei, obwohl es bereits finster war.

Was war passiert?

Fehringer war, nur mit seiner Badehose bekleidet, mit seiner Ariflex 16-Millimeter-Kamera in die dicht verwachsene Felswand des Hauptfalles geklettert. Dr.

Völlenkle, als Tiroler ein erfahrener Bergsteiger, wollte ihm folgen, aber herabstürzende Steine, die Fehringer losgetreten hatte, hinderten ihn am Weiterklettern. So kehrte er um, in der Hoffnung, Kamermann Fehringer würde auch absteigen. Aber er wartete umsonst, außer gelegentlichen Steinabgängen kam niemand. Unterdessen versank langsam die Sonne im Westen und die kurze Dämmerung der Tropen brach herein. Dr. Völlenkle versuchte den Standort Fehringers auszumachen, aber auch Rufe halfen nichts – sie verhallten ungehört im Donner des Wasserfalles. Er suchte die Kolke am Fuß des Falles ab – auch hier niemand zu sehen. Nur die Kleider von Fehringer lagen verlassen am Rastplatz. Nachdem die Dämmerung in die dunkle Tropennacht übergegangen war, lief Dr. Völlenkle zur kleinen Touristen-Raststätte am Eingang der Schlucht und rief uns in unserem Hotel an. Nach kurzer Beratung mit mir, fuhr er mit unserem Leihwagen in die nahegelegene Hauptstadt Roseau und meldete der Gendarmerie den Vorfall. Sofort wurde ein Suchtrupp zusammengestellt, der mit Handscheinwerfern und Megaphon mit Dr. Völlenkle zum Wasserfall fuhr. Mit Hilfe der Bevölkerung aus den umliegenden Kreolendörfern und Rufen durch das Megaphon – um das Rauschen des Wassers zu übertönen – versuchte sich Völlenkle dem abgängigen Kameramann in der Felswand verständlich zu machen. Umsonst! Weder war eine Antwort zu hören noch ließen die pechschwarze Tropennacht und das unzugängliche Gelände eine Suche oder eine eventuelle Bergung zu. Unterdessen kamen zwei Kreolenbuben, die, mit dem Gelände vertraut, von der anderen Seite zur Schlucht vorgedrungen waren, mit der Nachricht, sie hätten aus der Wand deutliches Pfeifen vernommen. Der erste Hoffnungsschimmer, daß Kameramann

Fehringer lebte, war gegeben. Er mußte die Lichter gesehen, vielleicht aber auch das Megaphon gehört haben, konnte sich aber durch das Tosen des fallenden Wassers nicht verständlich machen. Nun begannen bange Stunden des Wartens. Kamermann Fehringer mußte – wohl oder übel – die kühle Tropennacht allein in der Felswand zwischen dem dichten Regenwaldgestrüpp zubringen.

Im ersten Morgengrauen stieg der Suchtrupp der Gendarmerie mit Dr. Völlenkle über einen steilen Urwaldsteig von der anderen Bergseite zur Wand auf. Gleichzeitig schickte Forstdirektor Maximea, den wir ebenfalls verständigt hatten, seine Ranger von der Flußseite zum Steilabfall des Wasserfalles, in der Annahme, daß Fehringer im Morgenlicht die Höhe erklimmen und flußaufwärts durch den Urwald einen Ausweg suchen könnte. Als der Suchtrupp die Höhe des Absturzes erreichte, entdeckte man endlich – mit einem Aufatmen – den Gesuchten in der Wand, wo er sich an einem Baum festklammerte. Nun begann die gefährliche Bergungsaktion. Mit einem Seil, an dem sich Fehringer festbinden mußte, wurde er langsam, unter Aufbietung aller Kräfte, aus der Wand hochgezogen. Dabei mußte er sich immer wieder von der Wand abstoßen, um nicht auf die vorspringenden Felszacken und Baumstrünke zu prallen. Und es gelang! Mit einem letzten Ruck kam er zum Rand des Absturzes und konnte an den Händen heraufgezogen werden. Außer Abschürfungen hatte er keine Verletzungen erlitten; auch die Kamera hatte das Abenteuer überstanden. Keiner der späteren Fernsehzuschauer ahnte auch nur im geringsten, unter welchen Umständen die Aufnahmen des imposanten Trafalgar-Falles entstanden waren.

Nach fast einem Monat harter Forschungsarbeit, aber mit einmaligen Eindrücken von einem der letzten Urwaldparadiese der Karibik, wandte sich unser Interesse der dritten und letzten Insel unserer Expedition zu: Martinique.

DAS POMPEJI DER KARIBIK: MARTINIQUE

Beim Flug von Dominica nach Martinique gab es wieder Schwierigkeiten beim Einchecken am LIAT-Schalter. Während meine Frau und ich auf der Passagierliste standen, fehlten die Namen von Kameramann Franz Fehringer und von unserem Filmfachmann Dr. Walter Völlenkle. Dazu kam die übliche Beanstandung des enormen Übergewichtes unserer Filmausrüstung. In der letzten Sekunde – im wahrsten Sinne des Wortes, denn es heulten schon die Motoren auf – stürzten Völlenkle und Fehringer in die vollbesetzte Maschine. Sie waren doch noch mitgenommen worden und, in der Eile des Abfluges, auch das umfangreiche Gepäck. Es dauerte kaum 25 Minuten bis die Turboprop-Maschine die Entfernung von 50 Kilometern zwischen der Insel Dominica und der Insel Martinique überwunden hatte.

Am Flugplatz Lamentin, der etwa 7 Kilometer von der Haupt- und Hafenstadt Fort-de-France entfernt liegt, empfing uns Monsieur Neplaz, der Schulinspektor für die biologischen Fächer an den Höheren Schulen auf Martinique. Unser Freund von Guadeloupe, Ing. Yves Therezien, hatte ihn gebeten, uns ein Quartier sowie einen Leihwagen mit einheimischem Chauffeur zu besorgen. Monsieur Neplaz hatte ausgezeichnet organisiert: Wir wurden preisgünstig in der neuen, modernen Hotelfachschule von Fort-de-France im Vorort Schoelcher untergebracht, und am nächsten Morgen, um 9 Uhr, fuhr Raoul Smith, unser kreolischer Chauffeur, mit einem weißen Mercedes vor. Der Wagen war zwar nicht mehr ganz neu, aber doch so geräumig, daß wir sowohl unsere Sammel- als auch die Filmausrüstung unterbringen konnten.

Martinique ist die Hauptinsel der Französischen Antillen und seit dem 19. März 1946 (wie Guadeloupe) ein eigenes Übersee-Département der Republik Frankreich, das am 5. November 1973 sogar den Status einer eigenen Region erhielt. Etwa 7 000 Kilometer vom Mutterland entfernt, umfaßt die Insel eine Fläche von 1 100 Quadratkilometern und ist somit fast dreimal so groß wie Wien. Die Maximallänge erreicht 80 Kilometer, die Breite liegt zwischen 20 und 30 Kilometern. Von den 360 000 Einwohnern lebt fast ein Drittel in der Hauptstadt Fort-de-France. Martinique ist die dichtestbesiedelte Insel der Karibik, da die durchschnittliche Bevölkerungsdichte fast 300 Menschen pro Quadratkilometer beträgt. Mehr als 90 Prozent der Kreolen sind afrikanischen Ursprungs – Nachkommen der schwarzen Sklaven und Mulatten –, dazu kommen etwa 15 000 Inder, weiters Chinesen, Vietnamesen und Nachkommen der europäischen Siedler (vor allem französischen und spanischen Ursprungs). Die jährliche Bevölkerungszunahme beträgt 2,5 Prozent, sodaß in absehbarer Zeit die Überbevölkerung – vor allem der Küstengebiete – die Regierung des Départements vor große Probleme stellen wird. Wegen der hohen Arbeitslosigkeit versuchen viele der jungen Kreolen ins Mutterland auszuwandern. In Paris ist die Insel durch 3 Abgeordnete im Parlament und 2 Vertreter im Senat repräsentiert. Der Generalrat von Martinique umfaßt 36, der Regierungsrat 43 und der Wirtschaftsrat 35 Mitglieder.

Wie die meisten Antilleninseln war auch Martinique vom heutigen Venezuela aus zuerst von Ciboneys, dann von Arawak-Indianern und später von den kriegerischen Karibs besiedelt worden. Letztere nannten die Insel „Madinina“ oder „Mantinino“, was etwa mit „Insel der Blumen“ übersetzt werden kann. Aus der französischen Verballhornung entstand der heutige Name Martinique. Columbus sah die Küste der Insel bereits 1493 bei seiner zweiten Reise, ging aber wegen der feindlichen Haltung der Kariben-Indianer nicht an Land. Erst 9 Jahre später, 1502, bei seiner vierten Reise, landete er an der Nordwestküste von Martinique, beim heutigen Städtchen Carbet.

1535 nahm die französische Compagnie des Iles d' Amérique die Insel in Besitz; 2 Jahre später kaufte sie ein Monsieur D. Duparquet, dessen Erben sie an die Französische Krone weiterveräußerten. Diese gab Martinique an die Westindische Gesellschaft weiter, bis schließlich 1674 Martinique unter die Herrschaft des französischen Staates kam. Bereits 1635 begann ein tatkräftiger Unternehmer, der Franzose Pierre Belain d'Esnambuc, mit der Kolonisierung. Er gründete die Stadt St. Pierre, die bis zu ihrer Zerstörung beim Ausbruch des Vulkans La Pélée im Jahr 1902 der wichtigste Hafen für die Insel war. 1650 führte Jaques Duperquet, ein Neffe von d'Esnambuc, mit dem Zuckerrohr auch die Sklaverei ein. 1723 wurde zum ersten Mal Kaffee angepflanzt. Während der Französischen Revolution flüchtete Louis Francois Du Buc nach Martinique und stellte sich unter den Schutz der Briten, welche zwischen 1794 und 1800 das Hauptquartier ihrer Westindien-Flotte in Fort-de-France hatten. Im Vertrag von Whitehall verpflichtete sich die britische Regierung, die Insel wieder an Frankreich zurückzugeben; ein Versprechen, das beim Regierungsantritt von Louis XVIII. eingelöst wurde. Daneben versuchten immer wieder spanische, holländische und schwedische Freibeuter die Insel – zumindest teilweise – als Unterschlupf in ihren Besitz zu bringen. Kein Wunder, daß die Kariben-Indianer bei diesen wechselvollen Kämpfen der europäischen Eroberer am meisten litten und schließlich vollständig ausgerottet wurden. Die letzten Überlebenden gingen in den Zuckerrohrplantagen zugrunde; ihnen folgten die schwarzen Sklaven. Erst 1848 gelang es dem elsäßischen Abgeordneten Victor Schoelcher die Sklaverei endgültig zu beseitigen – alle Bewohner der Insel wurden freie und vollberechtigte Bürger Frankreichs! Er wird auf Martinique als Nationalheld verehrt: Sein Bild prangt auf zahlreichen Briefmarken und auf seinem Denkmal in Fort-de-France steht neben ihm ein kleines Negermädchen, das die Inschrift „Aucune terre francaise ne peut plus porter d'esclaves" („Kein französisches Land soll jemals wieder Sklaven haben") trägt. Wenige Schritte entfernt erhebt sich die mit einer Kuppel gekrönte „Bibliothek Schoelcher" in einer kleinen Gartenanlage mit Palmen. Das Gebäude ist eine Mischung von Jugendstil und dem spanischen Modernismo. Die Fassade zeigt einen Schmuck aus Majolikafliesen und ägyptisch nachempfundenen Säulen.

Martinique war die Heimat einiger berühmter Franzosen und vor allem von Französinnen. So lebte in Precheur, an der Westküste, in ihrer Jugend Madame de Maintenon, die zweite Frau von Louis XIV., dem Sonnenkönig. Der kleine Fischerflecken Robert an der Atlantikküste war der Geburtsort von Aimée Dubuc de Rivery. Sie wurde von Piraten gefangen und dem Sultan von Stambul für seinen Harem verkauft. Als bevorzugte Geliebte des Herrschers war sie wahrscheinlich die Mutter des Sultan Mahmoud II. Zahlreiche abenteuerliche Geschichten und Histörchen ranken sich um diese schöne Dame aus Martinique.

Um bei „romantischen Romanen" zu bleiben: Der

Marquis de Baas, der Bruder des berühmten Musketiers d'Artagnan, war der erste französische Gouverneur der Insel und liegt an der Westküste, im Ort Fond Capot, begraben. An der gegenüberliegenden Küste, auf der Halbinsel Tartane, lebte einige Zeit der berühmte französische Maler Paul Gauguin nach seiner ersten Flucht vor der europäischen Zivilisation und schuf hier einige seiner schönsten Bilder.

Die wohl berühmteste Frau, die auf dieser Tropeninsel geboren wurde, war Marie-Josephine Rose Tascher de la Pagerie. Vater Tascher, der Besitzer der Zuckerrohrplantage „La Pagerie", stammte aus einem alten Adelsgeschlecht aus dem Orléanais. Seine Vorfahren hofften, auf der Antilleninsel eine neue Zukunft zu finden, aber immer wieder zerstörten kriegerische Ereignisse und Wirbelstürme die Früchte ihrer und (vor allem) ihrer Sklaven Arbeit. Josephine wurde am 23. Juni 1763 geboren und in der Kirche von Trois Ilets getauft. Im August 1766 zerstörte ein Zyklon alle Anlagen auf der Pagerie und die Familie mußte wieder von vorne anfangen. Bereits als Kind war Josephine – wie alle Frauen der Taschers – eine Schönheit. Mit ihren großen, braunen Augen und den Schläfenlöckchen wirkte sie überaus anmutig. Als sie mit 11 Jahren den Kinderkleidern entwachsen war, weissagte eine alte Negersklavin namens Euphémie Davide aus ihrer Hand, daß sie „plus que reine" („mehr als eine Königin") sein würde. Sie wuchs zu einer schönen, jungen Dame heran und gelangte unter abenteuerlichen Umständen nach Paris, wo sie 1779 den Vicomte de Beauharnais, einen pedantischen Snob, heiratete. Aus dieser Ehe entsprossen zwei Kinder: der Sohn Eugen und die Tochter Hortense. Josephine ließ sich von ihrem Mann scheiden und kehrte noch einmal nach Martinique zurück, wo sie versuchte, ihr Erbteil einzutreiben.

Nachdem sie noch am bunten Karneval der Mulattenmädchen teilgenommen hatte, begannen die Gewitterwolken der Revolution auch auf Martinique überzugreifen. Mit Müh und Not erreichte sie bei ihrer überhasteten Flucht mit ihrer kleinen Tochter eines der letzten Ruderboote, das sie an Bord des Kriegsschiffes „Sensible“ brachte, welches von königstreuen Marineoffizieren befehligt wurde. Vergebens sandte man ihr einen Kanonenschuß vom Fort-Saint-Louis nach.

Nach einer schlimmen Überfahrt gelangte Josephine nach Frankreich, das bereits voll von der Revolution erfaßt war. Die elegante, schöne Ex-Vicomtesse landete im Gefängnis und entkam nur mit knapper Not der Guillotine. Nach ihrer Freilassung lernte sie durch Vermittlung ihres Freundes Barras den jungen General Bonaparte, den Sieger von Toulon, kennen. Am 9. März 1796 heiratete sie Napoleon, der sie – am Gipfel seiner Macht – am 2. Dezember 1804 eigenhändig zur Kaiserin krönte. Dieser Festakt ist auf einem Bronzerelief am Fuße ihres Marmordenkmals in Fort-de-France dargestellt. Die Ehe mit dem Korsen blieb kinderlos, und 5 Jahre nach ihrer Krönung, am 16. Dezember 1809, ließ sich Napoleon von Josephine scheiden. Er wurde schließlich der Schwiegersohn des österreichischen Kaisers durch die Heirat mit dessen Tochter Luise. Josephine blieb mit Napoleon in Verbindung und starb mit 51 Jahren, am 29. Mai 1814, in Malmaison.

In der Ancienne Pagerie, dem Geburtsort der schönen Josephine, wurde das alte, einfache Geburtshaus rekonstruiert und als Gedenkmuseum eingerichtet. Es beinhaltet Einrichtungsgegenstände und Erinnerungen aus dem Besitz der Kaiserin. In einer Vitrine erinnert eine verrostete Eisenkette mit Fußschloß an die dunkle Vergangenheit der Sklaverei. An Ketten aneinandergebunden mußten die schwarzen Sklaven unter der Peitsche ihrer Aufseher die schweren Arbeiten auf den Zuckerrohrfeldern verrichten. Die übrigen Bauten sind nach den Zerstörungen durch Zyklone (der ärgste Sturmwind wütete 1891) zu Ruinen zerfallen. Man sieht noch die Grundmauern des Wirtschaftshauses, jene der Zuckerfabrik und – wiederaufgebaut – das Rondell der Zuckermühle. Liebevoll gepflegt liegt heute die friedvolle Pagerie eingebettet in saftiges Grün und die Blüten tropischer Blumen und Sträucher. Aus einer Hecke ragt die weiße Marmorbüste der Kaiserin.

Wie fast alle Inseln der Kleinen Antillen im inneren Bogen der Windward-Inseln (Inseln über dem Winde) ist auch Maritinique jungvulkanischen Ursprungs. Lebhafte tektonische Hebungs- und Senkungsvorgänge führen in diesem Raum zu häufigen Land- und Seebeben. Der Vulkanismus auf Martinique erlangte vor allem durch seinen höchsten Berg, den aktiven Vulkan La Pélée (derzeit 1464 Meter hoch), traurige Berühmtheit. Es hatte in den vergangenen Jahrhunderten mehrere Ausbrüche gegeben, trotzdem hatte sich zu seinen Füßen, in einer malerischen Bucht, die blühende Hafenstadt St. Pierre entwickelt. Ihre Bewohner trieben Fischfang und Handel und hatten an den Hängen des Vulkans ihre Gärten und Plantagen, die auf dem fruchtbaren Lavaboden prächtig gediehen. Im „Klein-Paris" Westindiens gab es sogar ein eigenes kleines Theater, und die Häuser waren mit schönen Stuckfassaden versehen. Nach leichten Ausbrüchen im 19. Jahrhundert (so 1851) stiegen immer wieder Rauchwolken aus der Gipfelregion auf, die man von unten als „Naturwunder" betrachtete, aber nicht weiter ernst nahm.

Anfang April 1902 kamen Bergsteiger, unter ihnen

Professor Landes, der Naturwissenschafter des Gymnasiums von St. Pierre, von der Gipfelregion zurück und berichteten von Dampfquellen im oberen Talabschnitt des Rivière Blanche. Am 23. April erschreckten Erdstöße die Bevölkerung; es regnete Asche, vermischt mit Schwefeldämpfen, auf St. Pierre. Die Behörden beruhigten die Einwohner, die sich zur Flucht vorbereiten wollten. Zwischen dem 24. April und dem 4. Mai explodierten einige Krater im Gipfelbereich, der Aschenregen wurde stärker und verfinsterte immer wieder die Sonne. Der Inselgouverneur kam von Fort-de-France und beschwichtigte die Einwohner – vor allem, weil am 10. Mai Wahlen angesetzt waren. Immer häufiger flohen Haustiere aus der Stadt und aus der Umgebung, wo bereits Aschehügel die Straßen blockierten. Am 5. Mai brach der Damm eines Kraterrandes und ausfließender kochender Schlamm zerstörte die Zuckerfabrik beim Rivière Blanche, wobei 30 Menschen das Leben verloren. Am 6. Mai wurden neue Explosionen in der Gipfelregion registriert. Die Verwaltung hatte unterdessen Truppen eingesetzt, um die Flucht der Bevölkerung zu verhindern. Noch am 7. Mai wurde in der Lokalzeitung darauf hingewiesen, daß der Vulkan für die Stadt keine größere Gefahr als der Vesuv für Neapel darstelle; die Panik sei daher unbegründet!

So brach der Unglückstag, der 8. Mai 1902, an: Im Morgengrauen stiegen aus dem Hauptkrater gewaltige Dampfwolken auf, und gegen 8 Uhr erfolgten vier Detonationen beim Entweichen einer dunklen Rauchwolke. Aus den geborstenen Kraterwänden brach ein Lavafluß von 2000 Grad Celsius Hitze durch und strömte mit einer Geschwindigkeit von 150 Stundenkilometern in Richtung Küste. Man konnte später feststellen, daß die Uhr des Militärspitals genau um 7 Uhr 52 stehengeblieben war; daraus ergibt sich, daß innerhalb von nur 2 Minuten die ganze Stadt St. Pierre samt ihrer Bevölkerung von 30 000 Menschen vernichtet wurde. Die giftigen Gase, die sich herabsenkten, erreichten noch 10 Kilometer vom Stadtrand entfernt eine Temperatur von 1 000 Grad Celsius. Wie bei der Zerstörung von Pompeji (am 24. August 79 n. Chr.) durch den Vesuv ließ die Glutlawine Glas, Porzellan und Metallgegenstände schmelzen, wie man noch heute im Vulkanmuseum von St. Pierre sehen kann. Sogar einige der Schiffe, welche im Hafen lagen, fingen Feuer. Überlebende Augenzeugen berichteten von der Glutwelle, die die Stadt in Sekundenschnelle verschwinden ließ, das Meer zum Kochen brachte und die verankerten Schiffe in Brand setzte. Trotzdem gelang es auf einem der Schiffe, das etwas außerhalb des Hafeninfernos lag, einem tollkühnen Fotografen mit einer Plattenkamera ein Foto von dieser Naturkatastrophe zu machen!

In St. Pierre überlebten nur zwei Menschen das Drama: ein Schuster und ein Gefangener in den Kellergewölben des Gefängnisses. Letzterer wurde später nach Europa gebracht und auf Jahrmärkten als jener Mensch gezeigt, der den „Weltuntergang" überlebt hatte; die Schaustellungen allerdings hat er nicht lange überlebt ...

Die Fläche der totalen Zerstörung betrug 20 Quadratkilometer, aber der Vulkan war noch nicht zur Ruhe gekommen: am 20. und am 26. Mai, am 9. Juli und am 30. August kam es zu neuerlichen Ausbrüchen, bei denen im Ort Morne Rouge weitere 4 000 Menschen den Tod fanden. Die letzten Eruptionen wurden 1929 registriert, wobei man die Bevölkerung der wiederaufgebauten Stadt vorübergehend in Sicherheit brachte.

In wenigen Jahren eroberte sich der Regenwald die

verwüsteten Gebiete an den Abhängen wieder zurück. Derzeit schweigt der Vulkan, und sein Gipfel wird – wie eh und je – nur von Regenwolken umhüllt und hält die Niederschläge von der Karibikküste ab. Wie auf Guadeloupe und Dominica ist die Westküste, im krassen Gegensatz zum zentralen Bergland, mit einem Trockenbusch bewachsen, durchsetzt von Agaven und Kakteen. In engen Serpentinen windet sich die Autostraße nordöstlich von St. Pierre nach Morne Rouge. Von hier führt eine schottrige Bergstraße vorbei an Plantagen ins kühle, feuchte, meist nebelige Hochland am Südostabhang des Vulkans. Sie endet in 1000 Meter Höhe mit einem kleinen Parkplatz, von dem man über einen Steig in etwa einer Stunde den Kraterrand erreicht, der von einem Auswurfkegel überragt wird. Dr. Völlenkle, der bei dichtem Nebel und ständigen Regengüssen die Besteigung durchführte, berichtete, daß er in kniehohem Farnbewuchs, über glitschigen Lavasand und Schutt die kühle Gipfelregion erreichte, wo ihm für wenige Minuten die aufreißende Wolkendecke einen Blick zur Westküste gewährte.

Kameramann Franz Fehringer, meine Frau und ich waren unterdessen mit unserem Chauffeur nach Aioua Bouillon weitergefahren. Von hier stiegen wir über einen steilen Steig zu den Gorges des la Falaise ab. Diese tiefeingeschnittene Waldschlucht am Ostabhang des Pélée zählt landschaftlich zu den schönsten und ursprünglichsten Urwaldgebieten Martiniques. Vorbei am modrig-feuchten Gewirr aus bemoosten Bäumen mit spinnen- oder brettartigen Wurzeln tasteten wir uns Schritt für Schritt in die Tiefe, aus der das Rauschen eines Flusses heraufdrang. Die meisten Baumstämme waren von Kletter- und Schmarotzerpflanzen derart überwuchert, daß man die Rinde kaum erkennen konnte. Dazwischen drängten sich dichte Bestände von schirmförmigen Baumfarnen (*Cyathea*-Arten) und Bambus (*Bambusa*-Arten), deren dünne Spitzen sich leicht nach vornüber neigten. Der Stamm dieser bis 20 Meter hohen Gräser ist glashart, weil die Oberfläche der Gewebe von Kieselsäure durchsetzt ist. Dadurch ist der Bambus feuerbeständig, splittert leicht und kann nur mit Metallwerkzeugen bearbeitet werden; das ist der Grund, warum im vorkolumbischen Amerika Bambus nicht verwendet werden konnte. Wilder Ingwer (*Costus malortieanus*) mit duftenden, weißen Blüten und die leuchtend roten Blütenstände der Heliconien (*Heliconia*-Arten) brachten bunte Farbtupfer in das satte Grün des uns umgebenden Regenwaldes. Die etwa 1–2 Meter langen, breiten Blätter dieser Bananengewächse werden von den Kreolen gerne als Schirme verwendet, die man bei den häufigen Regengüssen immer wieder frisch abbrechen kann.

Die Kreolen haben übrigens für die zahlreichen Baumarten, die den tropischen Regenwald zusammensetzen und einen grünen Baldachin von 30 Meter Höhe bilden, recht treffende Namen: „Gommiers" sind Gummibäume (*Dacroydes*-Arten), aus denen, wenn man ihre Rinde einschneidet, ein weißer, harziger Saft austritt; die „Châtaigniers" (*Slonaea*-Arten) sind zwar keine echten Kastanien in unserem Sinne, ihre mit rauher Rinde bedeckten Stämme und die gefalteten Stützwurzeln lassen sie aber leicht erkennen; daneben kennt man einen „Bois Cote" (*Tapura antillana*) mit schmalen Kammlinien am Stamm, einen „Laurier blanc" (*Aniba bracteata*) und das Teufelsholz, den „Bois diable" (*Licania ternatensis*), dessen Rinde mit dicken Warzen besetzt und dessen hartes Holz „teuflisch" schwer zu sägen ist.

Das eigentliche Leben des Regenwaldes spielt sich in den Baumkronen ab, wo nicht nur Aufwuchs- und parasitische Pflanzen vordringen, sondern auch die meisten Insekten, Schnecken, Baumfrösche, Anolis und Geckos ihren Lebensraum haben.

38 Arten von Landvögeln haben die Ornithologen für Martinique nachgewiesen. Gelegentlich kann man die Schnurrbarttaube (*Geotrygon mystacea*), die Zitterdrossel (*Cinclocerthia ruficauda*) und, an Blüten, den Granatkolibri (*Eulampis jugularis*) beobachten. Einige Vogelarten, die endemisch auf Martinique leben wie der Braunkopftrupial (*Pendulinus bonana*), sind sehr gefährdet. Die ebenfalls endemische Martinique-Amazone (*Amazona martinica*), deren Federn die Kariben als Schmuck verwendeten, ist bereits zu Beginn des 18. Jahrhunderts ausgestorben.

Beim Marsch durch den Urwald heißt es auf Martinique vorsichtig sein, denn auf dieser Insel gibt es – im Gegensatz zu Guadeloupe und Dominica – eine sehr gefährliche Giftschlange: die Lanzenotter, Labaria oder Lance de Fer (*Bothrops = Lachesis atrox*). Die Schlange gehört zoologisch zu den Grubenottern, besitzt aber keine „Klappern" am Schwanzende wie ihre Verwandten, die Klapperschlangen. Ihren Namen bekam die Otter von ihrem dreieckigen, verkehrt herzförmigen Kopf, der sich „lanzenartig" vom Hals absetzt. Die 1,90 Meter lange Giftschlange ist von Mexiko bis Nord-Brasilien und Peru verbreitet und soll angeblich, nach einer Chronik von 1667, von den europäischen Eroberern als „Hilfe im Kampf gegen die kriegerischen Kariben-Indianer vom Festland mitgebracht worden sein". Aus ihren Eiern schlüpfen bis zu 70 Jungschlangen, die bereits sehr bissig sind. Der Biß der Lanzenschlange ist lebensgefährlich, da das Blut bereits nach 20 Sekunden ungerinnbar wird. Die Bißwunde schwillt bläulich an und wird brandig. Es folgen Erbrechen und Schlafsucht, und der Tod tritt – wenn man das spezifische Serum nicht zur Stelle hat – nach wenigen Stunden ein. Es kann aber auch jahrelanges Siechtum die Folge sein. Die Schlange war früher auf Martinique, aber auch auf der Nachbarinsel St. Lucia weit verbreitet und kam von der Küste bis ins Gebirge des La Pélée vor, wo sie tagsüber in Felshöhlen, Erdlöchern und ähnlichem verborgen lebte. Bevor sie angreift, liegt sie tellerförmig eingeringelt, um dann blitzartig vorzuschnellen. Das Opfer wird buchstäblich umschlungen, bevor es die Schlange als Ganzes hinunterwürgt.

In Beschreibungen von Martinique aus dem vorigen Jahrhundert (Rusz, Moreau de Jonnés) wird berichtet, daß „die Lanzenschlange unbeschränkt in Busch und Wald herrscht, und selbst da, wo der Mensch seine Wohnung hat und das Land bebaut, kann niemand ohne Sorge sich im Schatten eines Baumes kühlen, niemand ohne Begleitung eines Sklaven die Gefilde durchwandern, niemand im Gebüsch lustwandeln, niemand zum Vergnügen auf die Jagd gehen. Des Nachts quälen einen gräßliche Träume, weil man am Tag vorher von entsetzlichen Schlangengeschichten hörte ...“ Diese Berichte sind zwar überdramatisiert, deuten aber trotzdem daraufhin, daß die Lanzenschlange, der „böse Geist“ der Plantagen, dank ihrer großen Nachkommenschaft sehr häufig gewesen sein muß. So gibt es Berichte, daß auf einer einzigen Plantage zwischen 1818 und 1821 371, zwischen 1822 und 1825 sogar 2026 getötete Lanzenschlangen gezählt wurden!

Zu ihrer Bekämpfung wurden aus Indien Mungos importiert, die heute zwar weit verbreitet sind, aber kaum zum Rückgang der Schlangenzahl geführt haben dürften, da sich dieser Kleinräuber mehr auf den Fang von Vögeln, Reptilien und Hausgeflügel spezialisierte. Erst die Ausdehnung der Plantagen, umfangreiche Rodungen und das Vordringen der Zivilisation drängte die Lanzenschlange in die unzugänglichen Teile des Bergregenwaldes zurück. In den Kulturlandschaften ist sie kaum mehr anzutreffen. Um Touristen das Gruseln zu lehren, wird ihnen in Glaskäfigen der „Kampf zwischen einem Mungo und einer Lanzenotter" gezeigt. Dabei kann es aber – wie wir es erlebten – vorkommen, daß der Mungo kneift und vor der Schlange flüchtet. Greift einer aber doch an, so werden nach kurzer Zeit, nachdem sich der Mungo in den Kopf der Schlange verbissen hat, die Kämpfenden getrennt. Der Mungo kommt in seinen Korb und die blutende Schlange, die wie alle Reptilien sehr zählebig ist, wird mit Wasser übergossen und für den nächsten Schaukampf aufbewahrt. Ein nicht sehr begrüßenswerter Nervenkitzel im Zeichen des Tourismus.

Der „Nationalsport" der Kreolen ist auf allen Antilleninseln (wie in Ostasien auch) der Hahnenkampf. Fast jedes Dorf hat einen Pitt, seine Hahnenkampfarena: ein aus Holz gezimmertes Rundhaus mit aufsteigenden Sitzreihen um einen kreisrunden, lehmgestampften Kampfplatz. Außen ist der Pitt von zahlreichen kleinen Korbkäfigen umstanden, in denen die eigens gezüchteten Kampfhähne isoliert untergebracht sind und durch lautes Krähen ihre Anwesenheit kundtun. Von einigen berühmten Kampfhähnen sind Namen und Zahl der Siege auch auf allen anderen Inseln bekannt. Ihre Besitzer unternehmen weite Reisen, um ausgesuchte Hühner zur Zucht zu erwerben und die Qualität der Zuchttiere zu verbessern. So berichtet Granier de Cassagnac 1842 von einem alten Kampfhahn namens „Plumes-aux-Pattes" („Federbein"), der in die Annalen des Hahnenkampfes einging: „Er war einäugig wie Hannibal und hatte 30 Rivalen in einem Kampf getötet ..." Den Kampfhähnen wird der Kamm abgeschnitten und dann zupft man ihnen an Hals und Schenkeln die Federn aus. Zweimal am Tag bekommen sie ein Ingwer-Pfeffer-Bad, wodurch das Fleisch rot, hart und widerstandsfähig gegen Schnabel- und Sporenhiebe wird. Jeden Morgen trainiert der Kampfhahn mit ein paar alten Hähnen, aber nur kurz, um dann wieder isoliert zu werden, da er seine Gegner töten würde. Selbst der Besitzer muß vorsichtig sein, wenn er sich ihm nähert. Vor jedem Kampf in der Arena bereitet man die Kampfhähne unter Aufsicht eines Schiedsrichters für den Einsatz vor. An den Sporen werden mit Wachs und Klebestreifen spitze Stahlsporen angebracht, mit Alkohol und Zitronensaft gereinigt und eingerieben. Während dieser Prozedur, die fast eine halbe Stunde dauert, setzen die Zuschauer ihr Geld auf bestimmte Kampfhähne beim Wettkampfleiter. Schließlich ertönt eine Glocke, die beiden Hähne – noch in den Händen der Besitzer – werden mit den Köpfen aneinandergetippt und dann auf den Lehmboden der Arena gesetzt. Sie spreizen ihre Federn und hüpfen und fliegen aufeinander zu, wobei sie sich vor allem das Gesicht zerhacken.

Es ist uns Europäern unverständlich, wie bei diesem grausamen Schauspiel die Zuschauer in Begeisterung geraten können und die Kämpfer sogar mit „Tuez"-(„Tötet"-)Rufen anfeuern. Die Rufe gehen in einen Orkan von Schreien über, wenn ein Hahn seinen Gegner tödlich getroffen hat. Nicht selten sind die Hähne aber „intelligenter" als ihre Besitzer und lassen nach einiger Zeit, ermüdet und zerkratzt, voneinander ab. Die Enttäuschung, keinen Sieger zu haben und damit auch keinen Gewinn für den Wetteinsatz zu bekommen, ist dann bei den Zusehern groß. Aber schon wird der nächste Kampf vorbereitet ... Die französischen Behörden haben unter dem Druck von Tierschutzorganisationen versucht, die Hahnenkämpfe zu verbieten, aber vergebens. Ein Verbot würde einen Volksaufstand unter den Kreolen heraufbeschwören.

Auf Martinique wird auch heute noch als Hauptagrarprodukt – neben der Kultur der Banane, die 42 Prozent des Exportes der Insel ausmacht – Zuckerrohr angepflanzt. Es war eine der ersten Kulturpflanzen, welche die Europäer einführten, und vor mehr als hundert Jahren erwarben sich auf den Zuckerrohrplantagen der Westindischen Inseln einige weiße Herren mit einem Riesenheer von Sklaven immensen Reichtum. Mit dem Anbau der Zuckerrübe in Europa begann der Bedarf an Rohrzucker abrupt zurückzugehen. Nach blutigen Aufständen und der Aufhebung der Sklaverei fanden sich nicht mehr genügend Arbeitskräfte – trotz der Anwerbung von ostasiatischen Arbeitern. Heute produzieren Martinique (und Guadeloupe) 200 000 Tonnen Rohrzucker und 230 000 Hektoliter Rum pro Jahr, das sind etwa 40 Prozent des Gesamtexportes der beiden Inseln. Die Weltproduktion von Rohrzucker beträgt mit 875 Millionen Tonnen aber noch immer die dreifache Menge der Weltproduktion von Rübenzucker mit 285 Millionen Tonnen.

Die Urheimat des Zuckerrohres (*Saccharum officinarum*) ist umstritten. Während man früher annahm, daß seine Heimat in Indien liegt, ist man heute der Ansicht, daß die Wildform *Saccharum robustum* auf Neuguinea als Stammpflanze für das kultivierte Zuckerrohr anzusehen ist. Seit Jahrtausenden wird dieses „Gras der Tropen" vom Menschen gezüchtet und angebaut. Zwischen 700 und 900 nach Christus gelangte das Zuckerrohr durch die Araber in den Mittelmeerraum, Spanier und Portugiesen brachten die Pflanze über die Kanarischen Inseln nach Westindien sowie Mittel- und Südamerika. Es gedeiht in allen Warmgebieten mit hohem Niederschlag und erreicht als Graspflanze eine Höhe von 6 Metern. Die federartigen Blütenrispen sind leuchtend silbergrau und tragen hunderte kleiner Ähren. Der Halm enthält ein süßes Mark mit einem Zuckergehalt von 15 Prozent, der gegen den unteren Teil bis auf 20 Prozent zunimmt. Für die Kultur sind durchlässige, nährstoff- und humusreiche Böden nötig. Der Anbau ist sehr arbeitsaufwendig und beginnt mit dem Setzen von Stecklingen, die etwa 2 Jahre Wachstum benötigen. Die Pflanze wird bis zu 20 Jahre alt und „kriecht" mit einem Wurzelstock im Boden. Von diesem zweigen die in Knoten gegliederten Sprosse ab, die bis zu 7 Zentimeter Durchmesser erreichen. Die bis 2 Meter langen Blätter stehen wechselständig und besitzen, infolge der Einlagerung von Kieselsäure, einen messerscharfen, harten Rand.

Die Ernte beginnt nach dem Gelbwerden der Blätter – auf den Westindischen Inseln während der Trockenzeit zwischen Februar und Juli. Die harten Stengel werden mit Macheten umgeschnitten. In größeren Plantagen kommen gelegentlich auch Erntemaschinen zum Einsatz. Die Wurzelstöcke des Zuckerrohres treiben wieder aus, und man braucht in der Regel bis zu 3 Jahre (in extremen Fällen bis zu 20 Jahre) keine Neupflanzungen anzulegen. Allerdings erzielt der Farmer die besten Erträge nur bei laufenden Neukulturen mit Schößlingen, die in Erdfurchen gesetzt werden. Auf Martinique erntet man durchschnittlich 50 Tonnen Rohzucker pro Hektar.

In den früheren Jahrhunderten arbeiteten ausschließlich Sklaven bei der Gewinnung des Rohrzukkers. Sie preßten in einem Walzwerk, das durch Windräder angetrieben wurde, den Zuckersaft aus den Stengeln der Pflanzen. Die Ruinen der ehemaligen Zuckermühlen sind auf Martinique (und Guadeloupe) teilweise noch erhalten. Da frisch gepreßter Zuckersaft bei Tropentemperaturen in Kürze zu gären beginnt, mußte er rasch gefiltert werden. Dann erfolgte die Abfüllung des braunen Sirups in Holz- oder Tongefäße; anschließend wurde er zum Auskristallisieren in Formen gegossen. Der letzte Prozeß der Raffination verlieh dem Zucker die weiße Farbe. Zur Lagerung verarbeiteten die Sklaven den gewonnenen Zucker zu Zuckerhüten, wie sie bis zur Jahrhundertwende in Europa in den Lebensmittelgeschäften angeboten wurden. Als Nebenprodukt verblieb die Melasse, die Grundlage zur Herstellung von Rum, wobei man den ersten Schaum der Vergärung als Viehfutter und den zweiten Schaum als Sklavengetränk verwendete.

Heute werden die geernteten Halme teilweise noch mit den zweirädrigen Ochsenkarren, meist aber schon mit Lastautos zu den Zuckerfabriken gekarrt. Hier werden die Halme maschinell zerkleinert und unter Wasserzugabe zwischen Walzen mehrfach zerquetscht und ausgepreßt. Der ausfließende Zuckersaft wird mechanisch von beigemengten Fremdstoffen gereinigt. Durch Kochen erfolgt anschließend die Eindickung und Kristallisation. Die wesentlichen Produkte sind der braune Rohrzucker (heute in der Naturküche wieder zu Ehren gekommen!), der raffinierte Weißzucker und das Zuckerbrot (Panela), das früher in Form von Fladen ein bevorzugtes Nahrungsmittel der ärmeren Bevölkerung war.

Die kristallfreie Melasse, die noch 30–40 Prozent Zucker enthält, wird teilweise als Kraftfutter für das Vieh, vor allem aber als Grundmaterial für die Gewinnung von Rum verwendet. Nach der Destillation muß der Rum mindestens 6 Monate lagern, damit sich Geschmack und Aroma entwickeln und verfeinern können. Bei der Reifung in Eichenfässern erhält er von diesen eine hellgelbe bis tiefbraune Farbe. Heute lagert man Rum häufig in Metalltanks und färbt ihn mit Zuckercouleur. Der Charakter des Rumgeschmackes wird von der verwendeten Hefe, der Zuckerrohrsorte und vom speziellen Kleinklima der verschiedenen Inseln bestimmt. Neben leichten und trockenen Rumsorten gibt es Marken, die reich und voll in Geschmack und Aroma sind.

Auf den Kreolenmärkten bietet man zur Erntezeit geschnittene Stengel des Zuckerrohres an, deren Saft – vor allem vom Kindern – gerne durch Kauen ausgesaugt wird, wobei die Fasern gleichzeitig das Zähneputzen besorgen.

Bis heute wird gerätselt, wie der Name „Rum“ für das beliebteste Produkt des Zuckerrohres entstand. Einmal wurde behauptet, er stamme vom Sanskritwort für Wasser („roma“), dann meinte man, er entstand aus der Endsilbe des botanischen Gattungsnamens *Saccharum*, und schließlich glaubte man, im Wort „rumbullion“, das im englischen Devonshire soviel wie „großer Aufruhr“ bedeutet, den Ursprung gefunden zu haben. Die letzte Deutung scheint deshalb am wahrscheinlichsten, weil der Ur-Rum ein scheußliches Gesöff gewesen sein muß, das man auch „Kill Devil“ („Teufelstöter“) nannte! Er wurde denn auch mehr als Arznei gegen Schnupfen und kalte Füße genommen und weniger als Genußmittel geschätzt. Ein Sprichwort auf den Antillen behauptet: „Gott ließ den Menschen sich aufrichten, der Rum sorgt dafür, daß er wieder umfällt.“ Von der Herstellung eines Zuckerrohrschnapses berichtet erstmals 1630 eine Chronik der Insel Barbados, südöstlich von Martinique. Da dieser Ur-Rum einen hohen Alkoholgehalt hatte und von schlechter Qualität war, liest man in alten Berichten immer wieder von Todesfällen durch übermäßigen Rumgenuß. Getrunken wurde er damals hauptsächlich von Sklaven, Dienstpersonal und Seeleuten, besonders aber von Freibeutern und Piraten!

1655 erlaubte ein königlicher Erlaß den Mannschaften der britischen Marine den Genuß dieses hochprozentigen Getränkes. Man war zur Ansicht gekommen, daß der Rumkonsum die Tapferkeit und den Mut der Marinesoldaten erhöhe. Allerdings zeigten sich auch die Schattenseiten: die Untergrabung von Disziplin und Moral. Daher versuchte Admiral Vernon eine Verdünnung der täglichen Rationen durch heißes Wasser, womit er zum Erfinder des Grog wurde. Dieser Name stammt vom Spitznamen des Admirals, „Old Grog", her, da er stets eine Jacke aus grob gewebtem Grogram trug.

Auf den meisten Antilleninseln ist noch heute die englische Maßeinheit für die Alkoholkonzentration üblich, z. B. „proof" (= 57prozentig; ab diesem Alkoholgehalt läßt sich Rum entzünden und kann zum Flambieren verwendet werden). In den Kneipen wird er als „over proof" ausgeschenkt und der Gast kann sich seinen Rum, je nach Geschmack, verdünnen. Nach französischer Tradition wird Rum zweimal destilliert und zu einer Spitzenmarke veredelt, die man unter dem Namen „Barbancourt" erhält. Interessant ist, daß nicht die Franzosen oder Engländer den höchsten Rumkonsum aufweisen, sondern die Deutschen mit etwa 80 Millionen (!) Flaschen im Jahr. Allerdings wird er weniger pur getrunken, sondern am liebsten im Tee, als Grog oder als Punsch. Heine nannte den Rum den „Nektar der Götter" und schrieb den Vers: „Die Göttin hat mir Tee gekocht und Rum hineingegossen, sie selber aber hat den Rum ganz ohne Tee genossen."

Rum spielte aber auch bei den kriegerischen Auseinandersetzungen der Franzosen und Briten auf

Martinique eine entscheidende Rolle: 1804 kaperten die Briten einen vulkanischen Steilfelsen, den 176 Meter hohen Diamond-Rock, der vor der Südwestküste der Insel aus dem Meer ragt, und – „ernannten" ihn zum Kriegsschiff der britischen Marine. Von Bord der „H.M.S. Diamond-Rock" beschossen die Briten monatelang vorbeisegelnde französische Schiffe sowie die Küste. Wegen der steilen Wände war der Felsen vom Meer aus nicht zu erobern. So sannen die Franzosen auf eine List. In der Nacht beluden sie ein Boot voll mit Rumfässern und ließen dieses zum Diamant-Felsen treiben. Die 200 britischen Matrosen, die auf dem Felsen seit Monaten in langweiliger Isolation saßen und bereits „trocken" waren, enterten das Boot und in kurzer Zeit konnten die Franzosen die kampfunfähige „Besatzung" des Felsens gefangennehmen.

Der Zuckerrohranbau ist auf Martinique zwar im Vergleich zu früheren Zeiten stark zurückgegangen, aber die Ausfuhr von Rohrzucker und Rum, vor allem in die Länder der Europäischen Union, macht noch immer einen Großteil der Exportprodukte aus. Plantagen des alten Stils sind kaum mehr anzutreffen, abgesehen von Ruinen mit alten Türmen und Resten der Zuckermühlen. Einen letzten Rest der alten Pflanzerpracht zeigt noch die Plantation de Leyritz bei Basse-Pointe in der Nähe von St. Pierre. Hier finden sich noch die Gartenanlagen in altfranzösischem Kolonialstil, und das prächtige Haus des Plantagenbesitzers wurde im ursprünglichen Stil renoviert. In den Zimmern, die heute an Touristen vermietet werden, findet man antike Möbel aus massivem Holz, mit Schnitzwerk versehen. In die hochbeinigen Betten gelangt man nur unter Zuhilfenahme eines Schemels. Man liegt dann auf Höhe der mit feinem Maschengitter versehenen Fenster, durch die

– als natürliche Air-condition – der Nachtwind streicht.

In den Restaurants solcher Gästehäuser servieren farbenfroh gekleidete Kreolinnen die Spezialitäten der Insel. Hier ist die Französische Küche eine glückliche Verbindung mit der kreolischen eingegangen. Vielfach werden die Speisen mit Kokosöl zubereitet, das für den Magen sehr bekömmlich ist. Als Entrée wird häufig „Calalou" serviert, eine dicke Suppe mit Krebsen, Fischen, Zwiebeln, Chili, Paradeisern, Erdäpfelstückchen, viel Salz, Pfeffer, Thymian und einem spinatähnlichen Gemüse, wodurch die Suppe eine grüne Farbe erhält. Statt Krebsen und Fischen kann auch gesalzenes Rindfleisch und fettes Schweinefleisch zur Zubereitung der Suppe verwendet werden.

Ein weiteres kreolisches Suppengericht, das eine sättigende Mahlzeit darstellt, wird „Sans coche" („ohne Schwein") genannt. Trotz dieses Namens enthält es fettes Schweinefleisch und salziges Rindfleisch oder Cornedbeef, verkocht mit Zwiebeln, Erbsen, Schnittlauch, Yamswurzeln, Maniok, Süßkartoffeln, Pisang, grünem Pfeffer, Kokosmilch, Butter und kleinen Mehlknödeln. So wie in Wien das beste Gulasch nur in solchen Beiseln zu bekommen ist, wo es immer wieder im selben Topf gekocht wird, muß der echte Karibische Pfeffertopf immer in einem Behälter zubereitet werden, der noch einen Rest der früheren Portion enthält. Man behauptet sogar, daß einige Köche das Gericht von Generation zu Generation schmoren lassen! Zur Zubereitung werden Muscheln feingehackt, dazu kommen geschnittener Spinat, feingeriebener Pfeffer, Okra (eine Art Sauerampfer), Petersilie, Zwiebel, Chili und faschiertes Rindfleisch.

Für Gewürzfleisch in gebratener Kokosnuß nehmen die kreolischen Köche geriebene Kokosnuß, würfelig geschnittenes Rindfleisch, Olivenöl, Zwiebel, Knoblauch, Curry, braunen Rohrzucker, Zitrone, Salz, Lorbeerblätter und Sojasoße. Zu den angebräunten Kokosstückchen wird Zwiebel und Knoblauch angebraten, mit dem Rindfleisch vermengt, und darüber streut man Curry und Zucker, schmeckt mit Salz, Zitrone und Sojasoße ab, gibt Lorbeer und etwas Wasser dazu und läßt es über eine Stunde auf kleiner Flamme kochen. Zum Fisch- und Okra-Gulasch, das kreolischen, afrikanischen und französischen Geschmack verbindet, werden Speck, Geselchtes und Fische zerkleinert und mit Spinat, Okra, Thymian, schwarzem Pfeffer und Lorbeerblättern angebraten, dann mit etwas Wasser versetzt und mit etwas Mehl verdickt. Nach 15minütigem Kochen wird die scharfe Speise mit Reis serviert.

Eine Volksnahrung sind die „Acra l'en mori", ein Fischkuchen, der besonders pikant schmeckt. Daneben gibt es noch Krabben- und Muschel-Gulasch, Kaninchenragout, Waschbärfricassé, gebratene Tauben und Wasservögel und – als besondere Spezialität – gefüllte und gegrillte Langusten und Garnelen.

„Mango Chutney" ist eine Speise, die von den zugewanderten Indern aus ihrer Heimat mitgebracht wurde. Neben gehacktem Chili werden noch Zwiebeln und gewürfelte Mangofrüchte mit Paprikaschoten, Paradeisern, viel braunem Rohrzucker, Rosinen, etwas Essig und Ingwer zerkleinert, vermischt und gut verrührt, danach mit Salz und Knoblauch gewürzt und 2 Stunden auf kleiner Flamme gekocht. Das Chutney füllt die Hausfrau schließlich in luftdicht verschlossene Einsiedegläser ab und serviert es zu Fischgerichten und Eier-Curries.

„Accras" sind kleine Knödel aus Fisch, Seeigeleiern und Kürbis, die in heißem Kokosfett herausgebacken werden. Zur Schneckensuppe verwenden die Kreolen vor allem das rosa Fleisch der Queens Conch („Königin-Schnecke", *Strombus gigas*) oder der Riesenflügelschnecke (*Cypraeacassis testiculus*). „Crabes farcis" sind gefüllte Krabben und werden, wie alle kreolischen Speisen, herrlich scharf gewürzt serviert.

Als Nachspeise kann man „Balo di Rom", einen Rumkuchen, bestellen: Butter, Rohrzucker und Eier werden kremig verrührt, mit Zitronensaft und -schalen vermengt; die Masse wird mit Mehl und Backpulver bestäubt und mit Maismehl eingedickt; schließlich wird, je nach Geschmack, Rum zugefügt und die Masse in einer Pfanne zum alkoholreichen Kuchen gebacken. Zu flambierten Bananen verwendet man die Platanos oder Kochbananen, die in einer gut gefetteten Pfanne angebraten und mit Rum übergossen werden, den man vor dem Servieren anzündet und so das „brennende Dessert" serviert.

Nach einem üppigen kreolischen Essen genießt man einen karibischen Kreolen-Drink. Dazu eignet sich der „ti'Punch" aus weißem Rum mit einem Schuß Zuckerrohrsirup und Zitronensaft; oder der berühmte „Planteur" oder „Planter's Punch" in verschiedensten Mixturen. Meist vermischt man im Mixbecher Rum mit Limonensaft, sehr feinem Zukker, starkem Kaffee (oder einem Spritzer Angostura), gestoßenem Eis, geriebener Muskatnuß und schüttelt alles kräftig im Shaker. In gut gekühlte Gläser wird etwas gestoßenes Eis gegeben und mit dem Inhalt des Mixbechers übergossen. Nun läßt man etwas Rum über eine flache Messerklinge auf die Oberfläche des Punches fließen, damit er oben schwimmt. Darüber streut man reichlich geriebene Muskatnuß. Wichtig ist bei dieser Mischung, daß alle Zutaten, aber auch der Mixbecher und die Gläser gut vorgekühlt sind. Das Aufgießen des Rums und das Verreiben der Muskatnuß sollen schnell erfolgen, um das Getränk sogleich servieren zu können. Beim „Punch au Coco“ wird Rum mit dem Fruchtwasser der Kokosfrucht vermischt. Das einfachste Mischgetränk, eine Art Volksgetränk, ist eine Mischung aus dunklem Rum und Coca Cola im Verhältnis 1:3. Beliebt ist bei den Kreolen auch der Rumtopf, das Einlegen von tropischen Früchten in Rum. Dieser darf aber nicht hochprozentig sein, da die Früchte sonst hart werden.

Ein Standardgetränk auf den Westindischen Inseln, das gerne zum Abschluß eines scharfen Essens angeboten wird, ist der berühmte Kaffeelikör. Er wird mit besonders aromatischen Kaffeebohnen angesetzt. Man trinkt ihn häufig zum oder im Kaffee. Er soll die Verdauung anregen und zu einem angenehmen Gefühl des Wohlbehagens führen. Kaffeelikör kann man als Drink auch mit dunklem Rum und Limonensaft unter Beifügung von Wasser und Eis mischen. Eine weitere Mixtur ist die Zugabe von Cognac zum Kaffeelikör, die man dadurch spritzig macht, daß man Champagner zufügt und dieses „Göttergetränk“ mit Eis und einer schwarzen Kirsche serviert.

Besonders viel „harte“ Getränke werden im Karneval konsumiert, der Zeit der Ausgelassenheit und des bunten Treibens. Fast eine Woche lang tobt jedes Jahr der „Carnaval“ in Fort-de-France und in allen kleineren und größeren Ansiedlungen der Kreolen. Höhepunkte sind der Rosenmontag und der Fastnachtsdienstag („Mardi Gras“), wenn Straßen und Plätze mit prachtvoll kostümierten Menschen voll sind. Sie tanzen zu den wilden Rhythmen von Calypso, Limbo und Reggae, angefeuert von den Trommeln der Kapellen und den Steelbands. Leider führen Alkohol und Ekstase auch immer wieder zu Ausschreitungen, ja sogar zu Todesfällen. Am Aschermittwoch ist der „Karnevalsrausch“ allerdings zu Ende, und während in den „tollen Tagen“ alle sozialen und rassischen Gegensätze verwischt waren, beginnen im Alltag wieder die Spannungen zwischen Weiß, Braun und Schwarz, den Armen und den Reichen. Aber es sind wieder 11 Monate Zeit, um sich auf den nächsten Karnevalsauftritt im kommenden Jahr vorzubereiten. Die Tanzgruppen üben ihre neuesten Schritte ein, die Phantasie kann für die bunten, oft kostspieligen Kostüme eingesetzt werden. Der Karneval ist das Bacchanal der Kreolen, in dem sich rauschhaft der Lebenswille der Karibikbewohner zeigt. Als „Ketzer“ gelten in dieser Zeit jene Menschen, die dem Karnevalstreiben fernbleiben und das Fest zwischen wildem Tanz und Alkohol nur still betrachten. Wer dieser Auffassung huldigt, zieht sich für einige Tage in die Stille der Natur zurück.

Der Gegensatz dazu ist die Lautstärke der Kreolischen Volksmusik, die weltweite Verbreitung gefunden hat. Unsere moderne Unterhaltungsmusik ist ohne ihren Einfluß kaum denkbar. Diese Musik ist ein Spiegelbild des leidenschaftlichen Kampfes um soziale und wirtschaftliche Errungenschaften. Die Wurzeln der Kreolischen Musik findet man in den kolonialen Herkunftsländern Spanien, Portugal, Frankreich und England, aber auch in der afrikanischen Heimat der Negersklaven und bei den eingewanderten Indern, Chinesen und Syrern. Aus der Vermischung dieser gegensätzlichen Musiktraditionen entsproß eine ungeheure Vielfalt neuer Ausdrucksformen. Es entstanden kleine und größere musikalische „Inseln“, auf den einzelnen Inseln oft nur auf kleine Landstriche beschränkt. Über Jahrhunderte hinweg erhielten sich so Klangformen in reinem, unvermischtem Ausdruck. Nur von der Musik der Ureinwohner blieb nichts erhalten. Mit ihrer Ausrottung durch die europäischen Eroberer verschwanden auch ihre Lieder und Tänze.

Bei den aus Afrika importierten Sklaven kam es zu einer Verschmelzung der afrikanischen Musiktradition und ihrer magischen Religionen mit dem Christentum. In den Zeiten des Kolonialismus waren die emotionalen Gesänge und Tänze der schwarzen Sklaven die einzige Möglichkeit der Religionsausübung. Die Spanier brachten ihr Musikgut in Tänzen wie Fandango oder Bolero, die noch immer in den Gesellschaftstänzen des Tango, Chachacha oder Rumba enthalten sind. Aber auch die anderen europäischen Siedler steuerten ihr spezifisches Musikgut bei, und in der karibischen Musik klingen auch Takte alter Tänze (z. B. von Kontertänzen, Quadrillen, Mazurken oder schottischen Reels) durch.

Der Calypso läßt seine Entwicklung bis zur Kolonialzeit zurückverfolgen. In seinen Klängen sind spanische Serenadengesänge ebenso enthalten wie afrikanische Trommelrhythmen und die traurigen Weisen der Inder. Allerdings muß man den „kommerzialisierten" Calypso, der in unseren Hitparaden aufscheint, deutlich vom „echten" Calypso der Kreolen unterscheiden. Diese Lieder enthalten spöttische und provokante Aussagen, aber auch politische und erotische Anzüglichkeiten, wobei die Texte von historischen Ereignissen und aktuellen Zeitungsberichten beeinflußt sind.

Deutlich erkennbar sind die afrikanischen Musikelemente, die sich auf den Karibischen Inseln über Jahrhunderte hinweg zum Teil authentischer erhalten haben, als in ihren Ursprungsländern in Westafrika!

Auch der Limbo ist ein Tanz, der von der Touristikindustrie verfälscht wurde. Von seiner ursprünglichen Funktion als Teil des Totenkultes ist nicht mehr viel erhalten geblieben.

Aber der Umfang der karibischen Kreolenmusik ist

wesentlich größer und farbenreicher als die wenigen Beispiele, die in die moderne Unterhaltungsmusik eingedrungen sind. Auf jeder der Antilleninseln gab es zahllose musikalische Ausdrucksformen, die – zwar in Stil und Ausführung verändert – doch das Typische ihrer Herkunft erhalten haben. Diese stark rhythmische Musik erklang früher bei religiösen Festen, aber auch als Arbeitsgesang und zur Unterhaltung. Sie wurde in der Kolonialzeit von den Herrschenden meist verachtet und vom „Arbeitervolk" nur heimlich an abgelegenen Örtlichkeiten oder auf den Zuckerrohrfeldern gesungen und getanzt (wie die „cannes brûlées tunes", die „Lieder des verbrannten Zuckerrohres"). Mit der Zeit fanden aber auch die Angehörigen der „Oberen Zehntausend" Gefallen an dieser aufreizenden Musik.

Als Ursprung des Calypso wird der Kalenda angesehen, der von den Franzosen mitgebracht wurde. In den Gesängen des Kampfes und des Widerstandes spiegelt sich auch die Geschichte zwischen Herren und Sklaven, zwischen Weißen und Schwarzen wider. Bei den Festen der afrikanischen Freigelassenen im August bewiesen sie ihren Rang als freie Menschen durch das Singen von Kalenda-Liedern. Dabei kam es bei rivalisierenden Gruppen in der Hitze der Ekstase zu blutigen Auseinandersetzungen mit langen Stöcken. Die meisten dieser „Stockkampf-Lieder" sterben langsam aus, denn nur die alten Männer kennen noch die Texte, und aus dem „Kriegsgesang" der schwarzen Kreolen, heute „tambour bamboo" genannt, sind Lieder geworden, denen zwar noch viele zuhören, kaum aber mehr in „kämpferische" Leidenschaft verfallen.

Von Martinique stammen auch die als „crèche" bekannten Weihnachtslieder. Früher wurde zu diesem Fest die Messe noch in Patois gelesen. Dazu wurden die „crèche“ gesungen, die man heute nur mehr bei den Dreikönigssängern, die von Dorf zu Dorf ziehen, hören kann. Dabei werden sie von Gitarre und Mandoline begleitet.

Zur Passionszeit wird die Kreuzwache „Vieux Croix“, eine halbreligiöse Zeremonie, abgehalten. Während der ganzen Nacht vom Karfreitag zum Karsamstag erklingt der „Kreuzgesang“, begleitet von Mandolinen und Rumbakugeln. In den Texten besingt man die Erschaffung der Welt und das Leben des Herrn von seiner Geburt bis zum Tode am Kreuz. Nach Mitternacht ändert sich der Text der Lieder, man singt von Liebe, Ehe und Treue, und beim Morgengrauen schließen fröhliche Tänze an. Früher zogen auch Balladensänger von Dorf zu Dorf und brachten, nach einer Bewirtung mit „café nègre“ (schwarzer Kaffee mit Rum), ihre dramatischen oder komischen Lieder dar. Diese Volkssänger waren eine Art „wandelnde Zeitung“, sind aber im Zeitalter von Radio und Fernsehen auch auf den Inseln verschwunden.

Vielfältig wie die Lieder und Tänze der karibischen Kreolen sind auch die verwendeten Musikinstrumente. Ein letzter Rest, der von den Ureinwohnern stammt, sind die Schlitztrommeln und Rumba-Rasseln, während die Schlagstöcke oder Claves, die Schraper oder Güiros sowie die fellbespannten Standtrommeln mit offenem Boden westafrikanischen Ursprungs sind. Dagegen sind alle Saiteninstrumente, wie Geige, Gitarre oder Mandoline, und die Handharmonika von den europäischen Einwanderern mitgebracht worden. Aus der Not der Nachkriegszeit – auf den Inseln gab es nach 1945 kaum mehr Musikinstrumente – entstanden zuerst auf Trinidad, dann auf den übrigen Inseln, die „Steelbands“. Ihre Instrumente sind abgeschnittene, alte Ölfässer, bunt lackiert und mit Stöcken geschlagen. Sie sind die jüngste Schöpfung der karibischen Musikkultur und wurden zu echten Volksinstrumenten, die bei keinem Fest fehlen dürfen. Professionelle Steelbands spielen Stücke von der Klassik über kreolische Folklore bis zur Popmusik!

Wie bereits erwähnt, ist Martinique (wie Guadeloupe) ein französisches Übersee-Département und somit dem Mutterland vollkommen gleichgestellt und in die Europäische Union integriert. Das heißt zwischen den Inseln und den EU-Staaten gibt es keine Zollschranken. Bewohner der Inseln dürfen sich überall in den EU-Staaten ansiedeln, arbeiten und Kapital anlegen, aber auch umgekehrt. Sie sind dem Gesetz nach Europäer und stimmen auch bei Europawahlen mit ab. Durch die Teilnahme am europäischen Wirtschaftsmarkt sind der Lebensstandard und die soziale Absicherung auf Martinique (und Guadeloupe) die weitaus höchsten von allen Karibikinseln. So nimmt es nicht Wunder, daß sich auch nichtfranzösische EU-Europäer auf der Insel angesiedelt haben. Hier verbinden sich das durch Meereswinde gemilderte Tropenklima, die weißen Sandstrände, die Möglichkeit von Segeltouren und Wanderungen im Bergregenwald mit den Annehmlichkeiten eines Wohlstandslandes. So kann man z. B. von einem Kreolendorf am Rande des Urwaldes im Selbstwählverkehr und zu Inlandstarifen das europäische Mutterland anrufen!

Allerdings leben beide Inseln vom Steueraufkommen des Mutterlandes, denn Martinique führt z. B. jährlich Waren im Werte von 4 Milliarden Francs ein, davon kann aber nur ein Achtel durch den Export (von Zucker, Rum und Bananen) und den Tourismus abgedeckt werden. Martinique importiert heute allein Lebensmittel im Werte von 1 Milliarde

Francs, das heißt im Jahr sechsmal soviel, als es selbst erzeugt. Trotzdem hat Martinique den höchsten Pro-Kopf Champagnerverbrauch von ganz Frankreich und die höchste Quote an Mercedes- und BWM-Limousinen nach der Bundesrepublik Deutschland. Es ist daher verständlich, daß jene Parteien, die eine vollkommene Autonomie für Martinique (und Guadeloupe) anstreben (Parti Progressiste Martiniquais), nicht allzuviel Zuspruch haben, obwohl man ihre Parolen, wie „Martinique Indépedant", immer wieder auf Hauswände gepinselt findet. Die Martiniquais sind von Natur aus keine Revolutionäre, aber dennoch fürchtet man, daß eine handvoll Extremisten die arbeitslose Jugend, deren Zahl ansteigend ist, mobilisiert und damit die Insel destabilisieren könnten.

Nach den Wochen mit harter, schweißtreibender Arbeit in den Bergurwäldern von Guadeloupe, Dominica und Martinique folgten zum Abschluß noch einige erholsame Tage im Kreise unserer französischen Freunde. Es war Zeit, an die Rückkehr und an die Auswertung unserer Forschungen zu denken. Insgesamt hatten wir auf den drei Inseln der Kleinen Antillen 55 Probenorte untersucht und besammelt. In unserem Hauptquartier auf Guadeloupe wurden an die 400 Probengläser mit konserviertem Tier- und Pflanzenmaterial, 55 Wasserproben für die genauere chemische Analyse, Gesteinsproben und trocken präparierte Insekten, wie Libellen und Geradflügler, in unseren zwei Expeditonskisten für den Lufttransport an die Universität Wien verstaut. Unser „Filmteam" mit Dr. Walter Völlenkle und Kameramann Franz Fehringer hatte über 1000 Meter Farbfilm und einige hundert Farbfotos zur Ausarbeitung in ihrem Gepäck. Der Expeditionsfilm „Urwälder-Vulkane-Kreolen" wurde, nach seiner Vertonung in

Wien, insgesamt dreimal im Österreichischen Fernsehen gezeigt. Eine Fassung mit den wissenschaftlichen Aufnahmen unter dem Titel „Der tropische Bergbach“ konnte ins Verleihprogramm des Österreichischen Bundesinstitutes für den Wissenschaftlichen Film aufgenommen werden. Die Auswertung der wissenschaftlichen Aufsammlungen und ökologischen Daten führte zu 25 wissenschaftlichen Publikationen, in denen auch zahlreiche neue, bis dahin für die Wissenschaft unbekannte Arten beschrieben sind. Ein weiteres Kapitel der Erforschung ursprünglicher Lebensräume auf tropischen Inseln war abgeschlossen.

4.4.1995 - Y 100.-